나의 첫 자유여행
도쿄
TOKYO

2018년
최신판

이선미 지음

동양북스

내가 난데없이(!) 건너가서 살았던 도쿄는 첫 느낌이 차가웠고, 지내다 보니 정겨웠고, 더 있으니 미웠다. 그리고 지금은 그리운 곳이 되어 있다. 무엇이 그리운가 곰곰 생각하니 참 별것 아닌 것들만 떠오른다. 평범한 옆집 담장, 앳된 청년들이 일하던 가게의 질 좋은 채소, 자주 가던 동네 라면집의 무뚝뚝한 주인장, 자전거를 타고 가다 넘어진 나를 일으켜주던 아줌마, 술집에서 오랜만에 만난 한국인 친구와 우리말로 떠들고 있을 때 내게 말을 걸었던 수줍은 재일동포 청년, 그러나 그 무엇보다 가장 그리운 내 친구들….
원고 작업을 하면서 그곳에 남겨두고 꺼내지 않았던 많은 기억들을 소환했다. 그리고 다시 이 책을 참고할 사람들과 함께 걷고 보고 먹으며 즐겼다. 앞서 수많은 사람들이 도쿄를 방문했고,

어쩌면 나보다 구석구석 더 잘 알지도 모른다. 도쿄는 이제 큰 어려움 없이 갈 수 있는 곳이고, 세련된 여행을 추구하는 사람들이 원하는 모든 것을 한 번에 누릴 수 있는 종합적인 장소다. 갈 곳도 할 거리도 먹을 것도 너무나 많다. 이미 친숙하고 가까운 곳이 되어버린 도쿄를 한 권의 책에 담기란 애초에 어려운 일임을 잘 안다. 욕심을 버려야 했다. 최대한 가볍게, 꼭 필요한 것만 담으려 했다. 게다가 도쿄는 간 곳을 또 가도 다른 감동을 받는다.

지금 도쿄를 비롯한 일본의 젊은이들은 한류의 영향을 크게 받고 있다. 10대, 20대 여자들 위주이지만 한국 문화가 좋고 한국 스타일이 예쁘다고 여긴다. '얼짱 스타일'을 동경한 나머지 한국 사람인지 일본 사람인지 얼핏 구별이 안 가는 사람도 있고, 우리말을 독학으로 공부하는 일본 사람도 많아서 어디에 가나 한국어를 구사하는 일본인을 만날 수 있다. 내가 일본인을 대상으로 한국어와 한국 문화를 알려주는 잡지 일에 종사해서 더 크게 느끼는지 모르겠지만 점점 늘어나는 한류 팬들을 볼 때면 신기하고 또 놀랍다. 앞으로도 도쿄가 어떻게 변할지는 알 수 없다. 사람들도 달라지고 있고, 올림픽을 준비하면서 거리도 달라지고 있다.

끝으로, 다 알지만 민감한 부분이며 걱정스럽기도 한 지진 이야기를 안 할 수가 없겠다. 일본은 모든 면에서 안전하지만 동시에 지진의 위험도 존재하는 곳이다. 나는 3·11대지진을 직접 겪었고 재난에 대처하는 도쿄 사람들의 면면도 지켜보았다. 만약 약하게라도 지진이 일어난다면 흔들림이 멈출 때까지 기다렸다가 밖으로 피신하면 탈이 없다.

어느 날 갑자기 나에게 "써봐" 했던 강 편집장님 덕분에 여기까지 와 있다. 살을 붙이고 색을 입히느라 골머리를 앓았을 권 차장님을 비롯한 다른 편집자들에게 고마운 마음이다. 도쿄에서 많은 추억을 함께한 친구 메구미는 책에 쓸 사진을 열심히 찍어주었다. 내가 바쁠 때 빈자리를 메우느라 고생한 가족들에게 미안하고 감사하다. 엉뚱하게도 여행을 하면 내가 사랑받으며 살고 있음을 실감한다. 여러분도 그러했으면 좋겠다.

이선미

Contents

프롤로그 4

이 책을 즐기는 다섯 가지 방법 8

1

도쿄 매력 탐구

도쿄, 낯선 듯 익숙한 12 | 도쿄, 가도 또 가고픈 베스트 10 14 | 도쿄, 사계절이 아름다운 18 | 도쿄, 일 년 내내 즐거운 20

2

든든한 여행 준비

가볍고 든든한 준비물 24 | 순간이동 QR코드 26 | 공항에서 시내로 28 | 시내 교통 이용법 29 | 미리 보는 일본 문화 30

3

지금 바로 도쿄

나의 첫 3박 4일 여행 코스 36 | 말랑말랑 스위트 코스 38 | 옛것이 좋은 탐구자 코스 40 | 취미 생활 탐방 코스 42

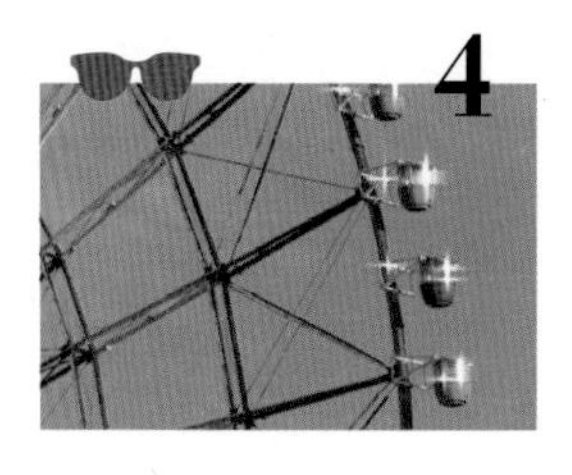

4

도쿄의 핫 플레이스

시부야 46 | 에비스 & 다이칸야마 50 | 롯폰기 힐즈 52 | 아사쿠사 54 | 오다이바 58 | 에노시마 62 | 요코하마 64 | 시모키타자와 68 | 료고쿠 70 | 도쿄국립박물관 74 | 도쿄국립근대미술관 76 | 진보초 78 | 가구라자카 & 구단시타 80 | 가와고에 84 | 나카노 88 |

고엔지 92 | 아키하바라 94 | 도쿄타워 96 | 쓰키지 시장 98 | 도쿄 디즈니랜드 100 | 진잔소 102 | 신주쿠 교엔 103 | 우에노 공원 104 | 도쿄돔시티 점프숍 105

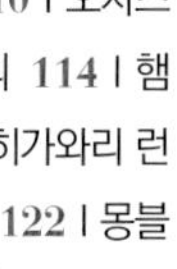

5

도쿄의 맛

몬자야키 108 | 우동 109 | 야미쓰키 · 야미야미 커리 110 | 오차즈케 111 | 튀김덮밥 112 | 가이센동 113 | 오키나와 요리 114 | 햄버그스테이크 116 | 꼬치 117 | 이자카야 안주 118 | 히가와리 런치 120 | 맛차 바바로아 121 | 페코짱야키 121 | 타르트 122 | 몽블랑 케이크 122 | 빙수 123 | 과일 파르페 123 | 푸딩 124 | 베이비 카스텔라 124 | 축제 때 볼 수 있는 포장마차 간식 125

6

도쿄의 쇼핑

돈키호테 128 | 도큐핸즈 129 | 로프트 129 | 세이유 · 산토쿠 · 코푸 · 이토요카도 등의 슈퍼마켓 130 | 도쿄의 명물 132

7

나의 첫 자유여행, 도쿄

유비무환 체크리스트 136 | 긴급 연락처 137 | Travel Note 140 | 필수 여행일본어 158

이 책을 즐기는 다섯 가지 방법

❶ 도쿄 여행 한눈에 보기

도쿄의 매력을 담뿍 담고 있는 베스트 스폿을 엄선했습니다. 도쿄 여행에 관한 검색 데이터 분석, 현지인이 사용하는 여행지, 맛집 평가 사이트의 평점 분석을 통해 고르고 고른 도쿄의 베스트 스폿입니다. 짧은 일정이라도 이곳만 가본다면 도쿄를 100% 즐길 수 있습니다.

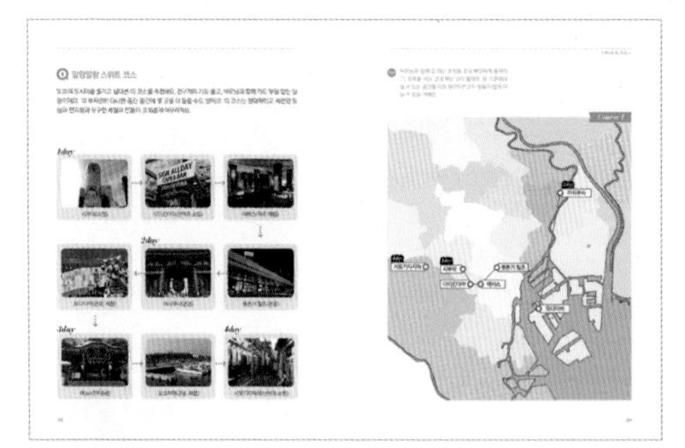

❷ 내 취향대로 떠나는 여행

개인의 취향에 맞게 여행을 할 수 있도록 여행지를 분류하고 대표적인 스폿을 골라 3박 4일 코스를 제시했습니다. 내 스타일에 맞는 코스를 선택해 그대로 따라가세요. 첫 자유여행도 여유롭게 즐길 수 있습니다.

일러두기

본문에 사용한 일본어 표기는 일본어표기법을 기준으로 했습니다. 상호명은 정보 찾기가 용이하도록 한글, 원어를 동시에 표기했습니다.
이 책은 2018년 6월까지 최신 정보를 수집하여 싣고자 노력했습니다. 출판 후 독자의 여행 시점과 동선에 따라 정보가 변동될 수 있습니다. 도서를 이용하면서 불편한 점이나 틀린 정보에 대한 의견은 다음 메일로 보내주십시오.
✉ dybooks2@gmail.com

❸ 구글맵으로 더욱 간편하게 이동!

QR을 스캔하면 구글맵으로 연결되어 현재 위치에서 해당 지역까지 가는 방법을 간편하게 확인할 수 있습니다. 어디에 있든 당황하지 말고 지도를 따라가면 OK! 근처에 있는 명소와 음식점 등의 위치도 덤으로 확인할 수 있습니다.

❹ 간결한 정보와 매력적인 소개

누구나 여행지를 쉽게 알아보고 찾아갈 수 있도록 가는 법과 홈페이지를 친절하게 수록했으며, 개장시간 등 주의해야 할 정보를 꼼꼼하게 제공했습니다. 여기에 당장이라도 떠나고 싶은 마음이 들 정도로 매력적인 사진과 소개글을 실어 여행의 설렘을 듬뿍 담았습니다.

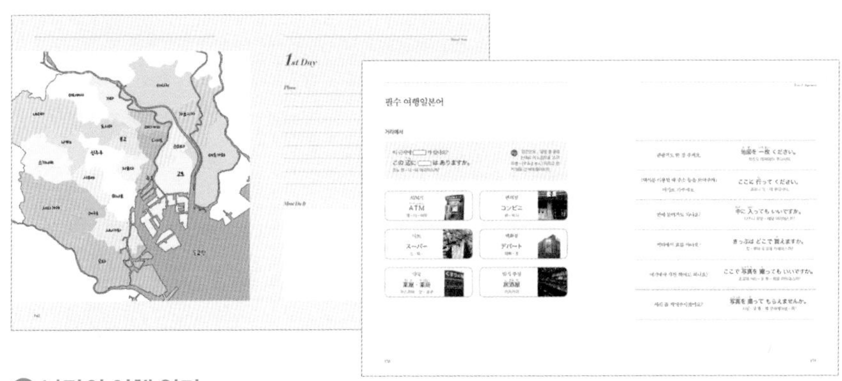

❺ 나만의 여행 일기

여행 스케줄을 정리하고, 현지에서의 즐거운 시간을 기록할 수 있는 여행 수첩을 제공했습니다. 또한 현지에서 바로 쓸 수 있는 필수 회화문도 실었습니다. 말이 안 통해도 당황하지 않고 자연스럽게~ 도쿄에서 자유여행을 만끽할 수 있습니다.

Fall In Love With Tokyo

도쿄 매력 탐구

익숙함과 낯섦이 얽히고설킨, 알 듯 말 듯한 도쿄.
서울을 걷듯 도쿄를 걸어보자.
한 시간 반의 짧은 이동이면 충분하다.
사람이 다르다. 그들에게 나도 다르다.
그 다름이 때로 신선하고, 때로 외롭고, 때로 벅차다.
나의 마음이 또 한 번 변화한다.
스스로에게 주는 선물이다.

도쿄, 낯선 듯 익숙한

도시명

일본의 수도로, 간토지방 남부에 도쿄만을 끼고 있는 도시예요. 일본의 정치, 경제, 문화의 중심지입니다. 일본어를 공용어로 쓰며 일본어 한자, 히라가나, 가타카나를 문자로 씁니다.

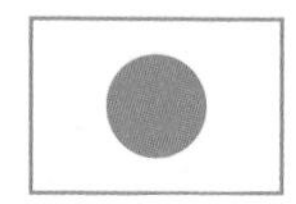

화폐

화폐 단위는 엔円으로 1,000엔, 5,000엔, 10,000엔짜리 지폐와 500엔, 100엔짜리 동전, 그리고 50엔, 10엔, 5엔, 1엔짜리 동전을 사용해요. 일본에서는 소비자가 직접 소비세를 지불해야 하는 경우가 많아요. 상품 금액에 '세금포함税込み'이라고 적혀 있지 않은 경우에는 계산서에 상품 금액 이외에 소비세가 추가되어 청구됩니다. 그래서 계산대에서 동전을 하나하나 세어가며 지불하는 모습을 흔히 볼 수 있어요.

시내 교통

JR을 중심으로 각종 지하철과 전철 노선이 도심 곳곳을 연결해줍니다. 한국 지하철보다 환승 방법도 불편하고 거리도 짧지 않으므로 조금 걷더라도 환승하지 않고 갈 수 있는 경로를 선택하는 게 좋아요. 거리에 따라 요금이 달라지며, 객실 내에서는 한국어 안내가 나와서 편리해요. 버스 역시 가는 곳에 따라 요금이 달라지는데, 본인이 내릴 역의 금액을 확인하여 요금통에 직접 넣으면 돼요. 뒷문으로 타서 요금통이 있는 앞문으로 하차해요.

신용카드

가게마다 다르지만 신용카드를 받지 않는 곳이 꽤 있어요. 현금이 부족할 수 있으니 물건을 사기 전, 신용카드로 지불할 수 있는 곳인지 미리 확인하면 좋아요. 은행 자동화기기 외에도 편의점에 설치된 ATM에서도 현금을 인출할 수 있어요. 자동화기기는 대부분 영어 지원이 되며 한국어 지원이 되는 것도 있어요. 둘 다 안 된다면 'お引出し'라고 쓰인 것을 누르면 됩니다.

인터넷망

공항이나 호텔 등에서는 와이파이를 사용할 수 있는 곳이 많아요. 속도가 조금 느리지만 급한 대로 쓸 정도는 되지요. 공항에 도착해 유심카드를 구입하여 사용하거나 출발 전 포켓와이파이를 빌려 가면 편리하게 쓸 수 있어요.

전화

일본의 국가 번호는 81이고, 도쿄의 지역 번호는 03이에요. 일본에서 한국으로 전화를 걸 때는 한국 국가 번호인 82를 누르고 0을 뺀 지역 번호, 또는 앞자리 0을 뺀 휴대전화 번호를 누르면 됩니다.

전압

220볼트인 한국과 달리 일본의 전압은 110볼트예요. 플러그가 다르기 때문에 '돼지코'라고 부르는 어댑터를 챙겨 가야 전자제품을 사용할 수 있어요. 호텔에는 인터내셔널 플러그가 설치되어 있지만, 없는 곳도 많으니 미리 챙겨 가면 좋습니다.

여행 비자

대한민국 여권 소지자는 여행 목적으로 최대 90일까지 비자가 없어도 체류할 수 있어요.

시차

우리와 동일한 시간대로 시차가 없어요. 서울-도쿄 기준으로 비행 거리는 1,150킬로미터 정도로 약 2시간가량 소요됩니다.

도쿄, 가도 또 가고픈 베스트 10

오다이바 Odaiba

Best 1

도쿄 도심에서 유리카모메선이나 린카이선을 타고 인공섬 오다이바를 방문해보세요. 계획적으로 설계된 곳이라 놀 거리, 볼거리, 먹을거리가 다 갖춰져 있어요. 뉴욕을 가상체험하듯 자유의 여신상과 화려한 조명으로 장식된 레인보우브리지가 있고, 거대 건담 등 덩치 큰 볼거리가 한자리에 모여 있어요.

가와고에 Kawagoe

Best
2

가와고에는 엄밀히 말하면 도쿄가 아닌, 수도권 사이타마현에 있어요. 에도시대에 상업이 번성했던 곳인데 옛 정취를 고스란히 지니고 있어 건물과 물건, 먹거리에서조차 고풍스러움을 듬뿍 느낄 수 있지요. 세련된 도쿄 도심과는 전혀 다른 아름다움에 풍덩 빠지게 될 거예요.

도쿄타워 Tokyo Tower

Best
3

우리의 서울타워처럼 도쿄의 상징으로 존재하는 도쿄타워. '어라? 파리의 에펠탑이잖아?'라고 느꼈다면 정답! 에펠탑을 본떠서 만들었거든요. 낮에는 그럭저럭 평범한데, 역시 조명이 들어오는 밤에는 장관이지요. 요즘은 꼭대기에 올라가려는 이유보다는 원피스 테마파크를 가기 위해 찾는 경우가 많아요. 여기저기 포토존도 있고 화장실조차 손님을 웃게 만드는 장치가 숨겨져 있지만, 어트랙션의 규모는 보통의 테마파크보다 작은 편이에요.

만다라케 Mandarake

도쿄 나카노 역에 자리 잡은 만다라케는 중고 만화책과 애니메이션 상품, 피규어, 각종 인형 등을 파는 곳이에요. 어른을 위한 장난감이 눈앞에 한가득 있는 셈이지요. 만화책도 아주 오래전 것부터 현재의 것까지 우리가 상상하는 것보다 훨씬 더 많이 구비되어 있어서 추억 속의 작품을 찾아보는 재미가 쏠쏠해요.

Best
4

아메요코 전통시장 Ameyoko Market

Best 5

우에노 역의 아메요코 시장은 우리의 남대문 시장처럼 유명해요. 농수산물은 기본이고 건어물, 가방, 옷, 액세서리, 음식 등 없는 게 없어요. 도쿄 한복판에 이런 재래시장이 있고, 서민들의 생활을 엿볼 수 있다는 점이 아주 매력적이죠. 호객도 하고 손님과 농담도 주고받는, 도쿄에서는 경험하기 어려운 인간미를 느낄 수 있어요. 도쿄 최대의 수산시장인 쓰키지 시장도 이와 비슷해요.

도쿄국립박물관·에도박물관 Tokyo National Museum Edo-Tokyo Museum

Best 6

어디를 가든 역사를 알아보는 것은 그 나라에 대한 이해의 폭을 넓힌다고 생각해요. 그런 의미에서 도쿄국립박물관이나 에도박물관에 들러보기를 추천합니다. 도쿄국립박물관에는 한국관도 있는데 외국에 전시된 우리 역사가 어떤 모습인지 살펴보는 것도 좋을 듯해요. 에도박물관은 도쿄의 역사와 옛 사람들의 생활상을 여러 모형과 함께 전시하고 있어요. 그들이 탔던 가마에도 한번 올라타고, 물지게도 져보면서 즐거운 시간을 보내는 건 어떨까요?

요코하마 Yokohama

Best 7

일본 최대의 항만 요코하마는 우리나라의 인천 같은 곳이라고 하면 이해가 쉬울까요? 차이나타운이 자리하고 있는 것도 비슷하고요. 그런데 뭐니 뭐니 해도 요코하마는 풍광이 정말 아름다워요. 최고의 관광 스폿인 미나토 미라이21의 야경은 일본에서도 손꼽힐 정도예요. 요코하마에서 우리나라 사람들이 좋아할 또 하나의 명소는 바로 '라면박물관'이에요. 박물관이면서 동시에 라면가게를 운영해요. 맛도 좋으니까 관광 후 출출해지면 한 그릇 사 먹는 것도 괜찮을 거예요.

고엔지 Koenji

Best 8

고엔지는 사실 관광지로 널리 알려진 곳은 아니에요. 하지만 한적하고 정감 있는 동네 구경을 원하는 사람이라면 안 가볼 수 없는 곳이죠. 마치 도쿄에 사는 듯한, 도쿄 주민 느낌이라고 할까요? 동화 속에 나올 법한 아기자기한 카페, 감각적인 빈티지숍, 은세공 액세서리 가게, 자그마한 선술집 등 어슬렁어슬렁 걷기만 해도 좋은 곳이지요. 날씨가 좋을 때면 포장마차처럼 길거리에 탁자를 내놓고 손님을 받는 가게가 있는데, 그곳에서 현지인과 한번 어울려보세요. 별것 아닌 것 같아도 나중에는 그리움으로 다가올지 모르니까요.

아사쿠사 Asakusa

Best 9

도쿄 한복판에서 전통미를 느껴보고 싶다면 단연 아사쿠사! 그 유명한 가미나리몬에서 사진 한 장 찍어야지요. 가미나리몬에 들어서면 양쪽으로 기념품을 살 수 있는 나카미세가 줄지어 있는데, 두고두고 추억이 될 만한 물건들을 얻을 수 있어요.

시모키타자와 Shimokitazawa

Best 10

젊은 사람들이 많이 찾는 곳을 원한다면 시모키타자와를 추천해요. 우리나라의 홍대 같은 곳이거든요. 쇼핑하기에도 좋지만 먹거리도 풍부해서 눈과 입이 모두 행복해져요.

도쿄, 사계절이 아름다운

결론부터 말하면, 도쿄는 사철 내내 좋아요. 벚꽃 흩날리는 봄 도쿄, 꽃잎 사이로 누군가 나에게 '센빠이!' 하면서 달려올 것만 같아요. 축제가 많은 여름 도쿄, 예쁜 유카타 차림의 선남선녀가 거리에 넘쳐나서 더위 따위 잊게 만들지요. 무엇을 해도 쾌적한 가을 도쿄, 바람을 타고 향긋한 금목서 내음이 코끝으로 날아들어요. 크게 춥지 않아서 활동이 편한 겨울 도쿄, 도시 곳곳에 화려한 일루미네이션이 환상적이에요. 그러니 계절에 구애받지 말고 떠나고 싶으면 그냥 가는 거예요.

봄(3~5월)

3월의 평균 기온은 낮 최고 13도, 4월은 18도, 5월은 22도 정도로 우리와 비슷하거나 조금 높아요. 2~3월 사이에는 만개한 매화꽃을 볼 수 있고, 3월 말경부터 본격적으로 벚꽃이 피기 시작하지요. 그런데 벚꽃 명소에서 꽃만 볼까요? 아니 아니요, 일본은 주로 먹고 마셔요. 평소에는 볼 수 없던 포장마차들이 늘어서서 어서 먹으라고 손짓하는데, 안 먹곤 못 배길 걸요.

3월은 최저 기온이 5도까지 내려가니 따듯하게 입는 게 좋아요. 4월에도 일교차에 대비하는 게 좋고, 5월은 한국보다 일교차가 적으니 긴 소매 옷이나 짧은 소매에 얇은 외투가 적당해요. 우산은 필수 지참이죠.

여름(6~8월)

6월 최고 기온은 평균 25도가 넘고, 7~8월은 30도 안팎으로 올라요. 기온 상으로는 우리나라와 별반 다르지 않지만 습도가 매우 높아 쉽게 지칠 수 있어요. 일본 맥주는 평소에도 맛있지만 덥고 습한 도쿄 기후에서는 더할 나위 없이 시원함을 안겨주지요. 일본 드라마를 보면 맥주부터 한 캔 따서 마시는 장면이 많잖아요. 제대로 실감할 거예요.

물론 시원하게 입어야겠죠. 실내는 거의 모든 곳이 에어컨을 가동해요. 사실 일본의 여름은 에어컨이 없으면 견딜 수가 없어요. 역시 습도의 영향이 크지요.

가을(9~11월)

도쿄의 가을은 바람이 많이 불어요. 강풍주의보가 자주 내려지고 바람이 강할 때는 지하철이 잠시 쉬어가기도 해요. 태풍이 지나갈 때는 강수량이 꽤 많지만, 도쿄는 비교적 안전하니까 큰 걱정은 마세요. 9월에도 아직은 더워서 낮 최고 기온이 27도 이상이고, 10월은 22도 정도, 11월이면 17도 정도로 쾌적해져요. 꽃과 유실수가 많은 도쿄의 가을은 곳곳으로 바람을 타고 향긋한 냄새가 감돌아요. 유자, 오렌지가 사람 손을 타지도 않고 나무에 그대로 매달려 있는 대도시라니, 멋지지 않아요?

9월은 여전히 무더우니 반팔 차림이 좋겠어요. 10월에는 긴 소매 옷이면 충분하지만 11월에는 겉옷을 꼭 챙기세요. 우리나라의 가을철과 비슷하게 대비하면 돼요.

겨울(12~2월)

12월에도 도쿄 기온은 평균 12도 정도로 높은 편이고, 아침 기온도 4~5도 정도라서 크게 춥지는 않아요. 다만, 도쿄는 바닥 난방이 없어서 우리나라 사람들에게는 실내가 춥게 느껴질 수 있지요. 도쿄의 난방은 대체로 여름에 틀던 에어컨을 온풍으로 바꿔서 공기를 데우는 방식이거든요. 바깥 활동을 하기에는 좋은 편이에요. 불빛 축제가 많아 저녁 무렵부터는 화려함으로 빛나지요. 도쿄는 눈도 잘 오지 않고, 가장 추운 2월에도 기온이 웬만하면 영하로 떨어지지 않아요. 그래도 전골은 이때 꼭 먹어야 해요. 성인이라면 따끈하게 데운 청주도 한 잔!

우리나라의 겨울처럼 생각하고 너무 중무장을 하면 더워서 낭패를 봐요. 현지인의 옷차림을 보면 경량 패딩 정도가 많은데, 사는 사람과는 체감 기온이 다를 수 있으니 기본적으로는 따듯하게, 그러나 과하지 않게.

도쿄, 일 년 내내 즐거운

1	2	3	4	5	6

1월 초
데조메시키
에도 소방 기념회의 정례 행사

2월 3일
절분
콩 뿌리기 발상지에서 여는 절분 행사

5월 초~중순
분쿄 철쭉 축제
3,000그루의 철쭉이 일제히 핀다

5월 초~중순
분쿄 수국 축제
시라야마 신사·시라야마 공원에 수국이 만개

6월 중순
산노 마쓰리
치요다구 히에 신사에서 여는 축제

4월 중순(3일간)
산자 마쓰리
행렬, 춤 등으로 아사쿠사 거리가 들썩들썩!

2월 중순~3월 초
분쿄 매화 축제(우메 마쓰리)
약 300그루의 만개한 매화가 장관

2월 말~3월 초
도쿄 걸스 컬렉션
멋쟁이 여성을 위한 축제

5월 초~중순
간다 마쓰리
일본 3대 축제 중 하나인 유명한 축제

6월 중순(2일간)
오키나와 마쓰리 인 요요기공원
오키나와 음악과 음식을 접할 기회

2월 말
도쿄 마라톤
해마다 열리는 대규모 마라톤 행사

3월 말~4월 초
벚꽃 축제
600그루의 왕벚나무 벚꽃을 즐길 수 있다

7	8	9	10	11	12

7월 말
스미다 강 불꽃 축제
도쿄 3대 불꽃 축제의 하나

7월 말
하라주쿠 오모테산도 겐키 마쓰리 수퍼 요사코이
고치현의 축제를 재현한 대규모 춤의 향연

8월 초~중순
아사가야 칠석 축제
일본 3대 칠석(다나바타) 축제의 하나

8월 중순(3일간)
코믹 마켓
통칭 '코미케'. 수십만 명이 찾는 북적북적한 행사

8월 말
아사쿠사 삼바 축제 퍼레이드 콘테스트
일본 최대의 삼바 퍼레이드

8월 말~9월 초 / **도쿄 걸스 컬렉션**
패션 트렌드를 한눈에 볼 수 있는 패션쇼

8월 말~11월 중순 / **도쿄 모터쇼**
해마다 열리는 자동차 견본 시장

9월 3일
도쿄 시대 마쓰리
옛 족자 속 그림을 재현한 행렬이 볼거리

9월 초~중순
도쿄 재즈
일본 재즈와 외국 재즈의 만남

9월 중순
진구가이엔 불꽃 축제
1만 2,000발의 불꽃을 즐겨라!

10월 초~말
분쿄 국화 축제
경내에 2,000그루의 국화가 장식된다

10월 말~11월 초
간다 고서 축제
도쿄 명물로, 거리가 온통 책으로 넘친다

10월 말~11월 초
도쿄 라멘쇼
다양한 지역의 라멘이 모이는 축제

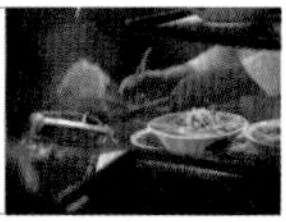

11월 중순~2월 중순
마루노우치 일루미네이션
11월 중순부터 시작되는 빛 축제

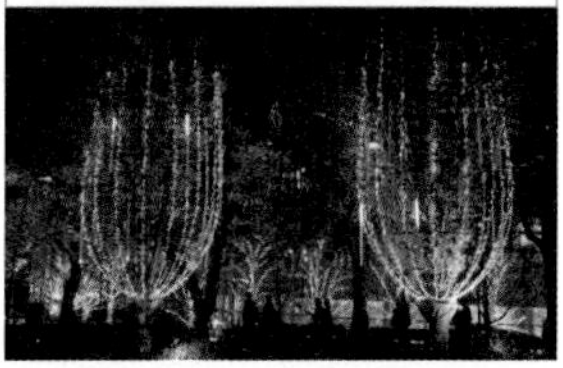

11월 말(3일간)
코믹 마켓
도쿄 빅사이트

&H Daikanyama
AVEDA COLOR

SIGN ALLDAY
CAFE & BAR
DAIKANYAMA

TAKE AWAY
COFFEE

Beer & Cocktails

Travel Arrangements

든든한 여행 준비

여행은 짐 꾸리기에서부터 시작된다.
꼭 챙겨야 할 여권이나 항공권, 가방 같은 것은 물론이고
현지에 도착했을 때 이동 방법 등도
미리 체크하고 출발하자.

가볍고 든든한 준비물

여권

여권은 각 시청, 도청, 구청에서 쉽게 발급받을 수 있어요. 여권용 사진을 부착하고 신청서를 작성하여 제출하면 일주일 안으로 받을 수 있습니다. 여권이 있다면 유효기간을 미리 확인해야 해요. 일본은 무비자로 최대 90일까지 체류할 수 있기 때문에 6개월 이상 유효기간이 남아 있어야 항공권을 구매할 수 있기 때문이에요. 수없이 확인하고 또 해도 지나치지 않을 만큼 중요한 여권. 출발 전, 공항에서, 여행지에서도 수시로 확인하여 잃어버리지 않도록 합니다.

항공권과 호텔 바우처

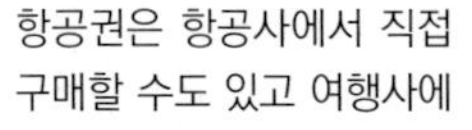

항공권은 항공사에서 직접 구매할 수도 있고 여행사에서도 구매할 수 있어요. 저가항공사에서는 가끔 이벤트성으로 저렴하게 항공권을 판매하기도 하니 수시로 싼 티켓이 떴는지 확인하면 좋겠지요. e-티켓은 휴대전화 분실 시를 대비해 1부 출력해 가져가면 좋아요. 호텔은 현지에서 당일 부킹할 수도 있지만 성수기에는 가격이 비쌀 수 있어요. 다양한 호텔 사이트를 통해 미리 예약하는 게 좋고, 호텔 바우처도 출력해 가면 출입국신고서 작성 시 편리해요.

환전

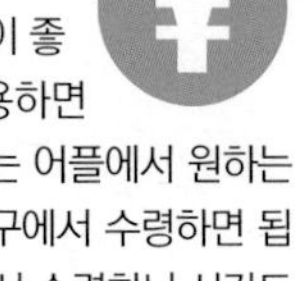

시중 은행에서 미리 해두는 것이 좋은데, 주거래 은행의 앱을 이용하면 더 편리해요. 은행에서 운용하는 어플에서 원하는 금액을 환전한 뒤 공항 은행창구에서 수령하면 됩니다. 환율 우대도 되고 공항에서 수령하니 시간도 절약할 수 있어요. 미리 환전하지 못한 경우에는 환율이 높긴 하지만 공항에 있는 은행에서 환전해요.

포켓와이파이, 로밍

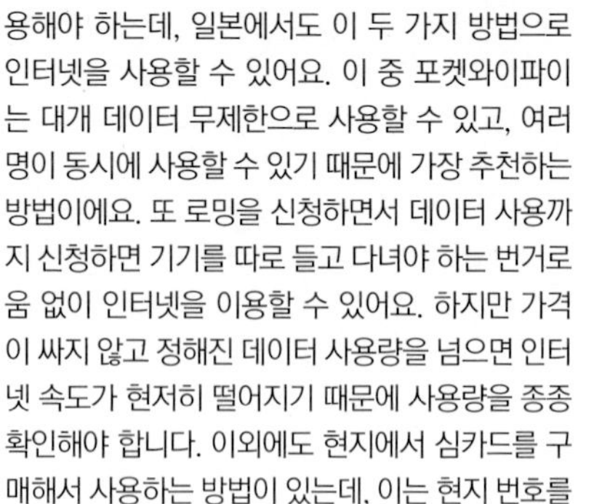

인터넷망을 사용하려면 휴대용 와이파이나 로밍을 통해 데이터를 이용해야 하는데, 일본에서도 이 두 가지 방법으로 인터넷을 사용할 수 있어요. 이 중 포켓와이파이는 대개 데이터 무제한으로 사용할 수 있고, 여러 명이 동시에 사용할 수 있기 때문에 가장 추천하는 방법이에요. 또 로밍을 신청하면서 데이터 사용까지 신청하면 기기를 따로 들고 다녀야 하는 번거로움 없이 인터넷을 이용할 수 있어요. 하지만 가격이 싸지 않고 정해진 데이터 사용량을 넘으면 인터넷 속도가 현저히 떨어지기 때문에 사용량을 종종 확인해야 합니다. 이외에도 현지에서 심카드를 구매해서 사용하는 방법이 있는데, 이는 현지 번호를 부여받는 방식이라 한국에서 오는 전화나 메시지는 받을 수 없다는 단점이 있어요.

짐 꾸리기

계절에 맞는 옷과 세면도구, 비상약 등은 기본이고, 이외에 전자기기 충전기와 케이블, 돼지코라 불리는 110볼트용 플러그도 잊지 말고 챙겨야 해요. 항공사마다 다르긴 하지만 기내 반입이 가능한 캐리어는 20인치 정도이고, 이보다 큰 캐리어는 탑승 수속 시 수하물로 부치면 됩니다. 이때 배터리 종류는 수하물로 부칠 수 없고 본인이 휴대하는 가방에 넣어야 합니다. 항공사에서 제시한 위험물품(라이터, 칼, 인화성 액체)을 미리 염두에 두고 짐을 싸면 공항에서 트렁크를 다시 펼치는 일은 없을 거예요.

➔ 유용한 어플

구글 맵
전철로 이동할 때 출발지와 도착지, 환승역까지 소상하게 알려준다. 우리말 번역이 가능한 데다 시간과 금액까지 알려주는 기특한 어플.

파파고
말이 더 필요 없는 통역 어플. 평상시의 통역이나 번역은 물론이고, 쇼핑할 때도 도움이 된다. 사고자 하는 물건이 우리말로 무엇인지 궁금할 때 카메라로 찍으면 바로 번역을 해준다.

도쿄 지하철 가이드
출발역과 도착역을 입력하면 최소 환승경로를 찾아준다. 경로마다 소요 시간과 교통비가 나와 있어 편리하다.

Japan Connected-free Wi-Fi
일본 각지의 무료 와이파이에 쉽게 접속하도록 돕는 외국인 관광객 전용 어플. 이메일 등으로 가입해야 사용할 수 있다.

타베로그
일본 전역의 맛집을 소개하는 어플. 한국어 서비스를 제공해 어렵지 않게 맛집 정보를 확인할 수 있다.

트립어드바이저
맛집, 숙소, 명소 등 여행 정보가 총망라된 글로벌 여행 정보 제공 어플. 사용자의 평점으로 순위가 매겨지기 때문에 믿을 만하다.

순간이동 QR코드

도쿄는 전철로 어디든 편리하게 이동할 수 있어요. 환승하기가 조금 불편하지만 웬만한 명소는 전철 노선이 1~2 개쯤은 꼭 닿아 있어 편리해요. 아래의 QR을 스캔하면 전철 이동 코스와 자세한 지도를 확인할 수 있어요.

	도쿄스카이트리	도쿄역	시부야
도쿄스카이트리		전철 28분, 340엔	전철 30분, 240엔
도쿄 역	전철 28분, 340엔		전철 26분, 200엔
시부야	전철 37분, 240엔	전철 26분, 200엔	
아사쿠사	전철 3분, 150엔	전철 20분, 310엔	전철 37분, 240엔
오다이바	전철 42분, 540엔	전철 30분, 460엔	전철 37분, 490엔
신주쿠	전철 30분, 350엔	전철 14분, 200엔	전철 5분, 160엔

	아사쿠사	오다이바	신주쿠
도쿄스카이트리	전철 3분, 150엔	전철 47분, 540엔	전철 25분, 350엔
도쿄 역	전철 20분, 310엔	전철 30분, 460엔	전철 20분, 200엔
시부야	전철 36분, 240엔	전철 26분, 570엔	전철 5분, 160엔
아사쿠사		전철 37분, 520엔	전철 31분, 350엔
오다이바	전철 39분, 540엔		전철 32분, 500엔
신주쿠	전철 32분, 350엔	전철 29분, 490엔	

공항에서 시내로

나리타공항에서 시내로 이동하는 방법

스카이라이너 이용 나리타공항 제1터미널과 제2터미널 내부의 스카이라이너 카운터에서 직접 구입하여 이용한다. 탑승 후 소요 시간은 대략 40분 정도.

리무진 버스 이용 신주쿠, 이케부쿠로, 롯폰기, 긴자, 시부야, 아사쿠사 등 폭넓은 곳으로 이동이 가능하다. 공항 리무진 버스 카운터에서 원하는 장소의 표를 구입해 탑승장 번호와 시간을 확인한 뒤 탑승장소로 이동, 가방 등의 짐을 맡기고 탑승한다.

나리타 익스프레스 NEX 이용 JR 매표소에서 표를 구입, 플랫폼으로 직접 이동하여 탑승한다.

하네다공항에서 시내로 이동하는 방법

리무진 버스 이용 리무진 버스 카운터는 수하물 찾는 장소 바로 앞에 있다. 창구 또는 자동판매기로 표를 구입한다. 탑승장 번호와 시간을 확인하고 이동하여 탑승한다.

모노레일 이용 모노레일 표시를 따라 이동하고, 표를 구입한 뒤 자유롭게 탑승한다. 보통의 전철 이용과 다를 바가 없기 때문에 여행 가방 등의 짐 관리에는 신경을 써야 한다.

게이큐선 이용 게이큐선 타는 곳 표시를 따라 이동한다. 표를 구입한 뒤 자유롭게 탑승한다. 보통의 전철 이용과 동일하기 때문에 비용은 저렴하지만 짐이 많을 때는 환승 및 계단 이용이 번거로울 수도 있다.

tip **우리와는 반대 방향인 한 줄 서기**
도쿄 시내의 에스컬레이터는 우리와 달리 한 줄 서기가 의무화되어 있다. 이때 주의할 것은 방향인데, 일본은 왼쪽이 서서 가는 곳, 오른쪽이 걸어가는 곳이다. 착각하고 서 있다 보면 민망해질 수도 있으니 주의하자.

시내 교통 이용법

표 사기

도쿄의 전철은 가는 거리에 따라 금액이 달라지므로 목적지의 금액이 얼마인지 확인하고 구입해야 한다. 전철표는 종이와 카드 형태가 있다.

JR 패스

JR 패스란 Japan Rail Pass의 약자로, 관광비자를 가지고 일본을 방문하는 외국인에게 조금 저렴하게

철도를 이용하게 하는 승차권이다. 일본 전국의 JR 그룹 철도의 모든 노선(단, 신칸센 중 '노조미호'나 '미즈호'는 이용할 수 없다)과 버스, 페리 탑승 시 사용할 수 있다.
JR홋카이도, 동일본, 도카이, 서일본, 시코쿠, 규슈 등의 라인에서 모두 탑승이 가능하다. 보통석과 지정석(그린석) 두 종류가 있는데, 지정석의 경우는 일본 입국 후 역 창구에서 구매해야 한다.

스이카 카드 すいかカード

도쿄에서 사용되는 대표적인 교통카드로 일본어 'すいか(수박)'와, 'スイスイ行けるICカード(스이스이 이케루 IC카드, 휙휙 갈 수 있는 카드)'라는 뜻이 합쳐진 이름이다. JR동일본이 발행하는 카드이며, JR 전철역의 창구나 카드 발매기 등에서 구입할 수 있다. 도쿄 내 대부분의 교통을 이용할 수 있어 편리하다. 각 역마다 설치되어 있는 충전기에서 원하는 만큼의 돈을 충전(チャージ)하여 사용한다. 만약 카드를 대고 개찰구를 통과하려는데 금액이 모자란다는 메시지가 뜨면 개찰구 안쪽에 있는 충전기에서 모자란 만큼의 돈을 더 충전하고 통과하면 된다.

미리 보는 일본 문화

느리게 가는 곳

일본은 우리가 참 잘 아는 나라지만 막상 가보면 '어라? 이런 면이 있어?' 하는 부분도 적지 않아요. 좋은 뜻에서건 나쁜 뜻에서건 말이죠. 다짜고짜 말하면, 일단 빠르지 않아요. 우리처럼 모든 것이 신속하지 않다는 거죠. 그러니 거리를 걸을 때도, 물건을 살 때도, 메뉴를 고를 때도, 버스나 전철을 타고 내릴 때도 급하게 서두르지 마세요. 여행자를 충분히 기다려주니까요. 혹시라도 다른 사람을 밀치게 되거나 몸이 닿으면 '스미마셍(미안해요)'이라고 말하세요. 물론 콩나물시루 같은 전철 안에서는 그럭저럭 예외겠지만! 상대방이 불쾌한 티를 팍팍 내지 않는 한, 닿아도 어쩔 수 없다고 이해해줘요.

조용한 대도시

인구 1,300만이 넘는 수도 도쿄는 왕궁을 중심으로 시가지가 뻗어 있고, 도청 소재지가 신주쿠에 있어요. 거주 외국인만 50만 명 이상 돼요. 그런데도 거리는 조용하고 깨끗하죠. 심지어 쓰레기통도 없는데 말이에요.

전철이나 버스 안에서는 통화도 금지시켜서 대중교통을 타도 대체로 조용조용해요. 만일 대중교통을 이용하면서 큰소리로 떠들거나 크게 통화하면 엄청난 눈총을 받을지도 몰라요.

만능 단어 '스미마셍'

이 말 참 편리해요. 언제 어디서든 다 통하거든요. 큰 싸움이 날 뻔하다가도 고개를 약간 숙이면서 '스미마셍'이라고 한마디 해주면 씩씩거리다 그냥 가는 사람들이 많아요. 만약 끝까지 물고 늘어지는 사람이라면, 일반적인 도쿄 사람과는 거리가 있을 가능성이 있으니 주의해요!

- 부딪쳤을 때(미안합니다, 죄송합니다)
- 식당 등에서 사람 부를 때(여기요)
- 길에서 말 걸 때(저기요, 잠깐만요)
- 실수했을 때(아차, 실수예요)
- 부탁할 때(미안하지만)

tip **영어는 반만 소통**

영어가 아주 잘 통하진 않는 편이에요. 물론 어디까지나 평범한 시민에 한한 얘기지만요. 영어로 말을 걸면 무슨 말인지 알아들어도 대답은 일본어로 하는 경우가 많아요.

주의해야 할 제스처

음식점에서 주문한 음식이 잘못 나왔다면? 나도 모르게 손으로 X표시를 하게 되지 않나요? 그런데 도쿄에서 양손의 검지손가락을 X자로 겹쳐서 직원에게 보여주면 '이제 다 먹었으니 계산서를 달라'는 표현이 됩니다. 물론 센스 있는 직원이라면 제대로 알아차릴 수도 있겠지만, 괜한 혼선은 성가시겠지요?

흡연 천국?

도쿄는 사람들이 식당 안에서 담배를 피워 깜짝 놀라게 되죠. 커피숍도 술집도 흡연이 자유로운 곳이 많아요. 신칸센도 흡연석이 있을 정도니까요. 그런데 길거리에서는 꼭 흡연 장소에 가야 해요. 흡연이 금지된 곳이 있고 아닌 곳도 있으니 잘 구별해서 불쾌한 경험이 없도록 하세요. 호텔도 흡연 가능한 방과 아닌 방이 있으니까 상황에 따라 결정해주세요.

식도락 하면 도쿄

일본은 일찌감치 서양 문화를 받아들이고 나름대로 발전시켰다는 자부심이 꽤 있어요. 다양성에 거부감이 없는 도쿄에서는 꼭 일식이 아니어도 여러 나라의 음식, 일본식으로 재해석한 음식들을 맛보는 재미를 만끽해보세요. 일식은 물론이고 햄버그나 스테이크 같은 경양식, 분명 파스타인데 너무나도 일본적인 독특한 파스타, 개운한 냉우동, 기름지고 걸쭉한데 자꾸만 끌리는 라면, 온갖 채소와 닭고기를 구운 꼬치…. 달콤한 디저트는 또 어떤가요? 워낙 맛있는 간식거리가 많아서 고민이 될 정도죠. 이자카야 음식도 꼭 먹어봐야 할 필수 음식이에요.

쇼핑, 그 즐거움

예쁜 것, 맛있는 것이 가득한 도쿄는 곳곳이 매력적인 쇼핑 스폿이에요. 길을 걷다가 눈에 띄는 아무 곳에 들어가도 만족스러워요. 드럭스토어도 좋고, 역마다 있는 아트레나 '동동동 동~키 동키호~테'라는 로고송이 재미있는 대형 쇼핑센터 '돈키호테'도 좋아요. 모든 생활용품이 망라되어 있고 세일도 잘하지요. 파스, 화장품, 과자, 휴대가전, 주방용품, 면세품, 속옷까지 없는 게 없어요. 가격도 여행자에게 부담스럽지 않아서 더 좋아요. 우리의 전통시장 같은 분위기가 궁금하다면 아메요코 시장을 추천해요. 북적북적하고 사람 냄새 물씬 나는 곳이죠.

어른 환영 취미생활

괜히 '오타쿠의 나라'라고 불리는 게 아니에요. 도시 곳곳에 애니메이션 등장인물이 즐비해서 하루 종일 피규어만 구경해도 질리지가 않거든요. 만다라케(만화 전문 헌책방)에 가면 만화책이 산더미고, 좋아하는 만화영화의 원화들이 눈앞에 딱! 천국이 따로 없어요. 전통 인형도 정말 예쁘고, 구체관절 인형의 화려함에는 정신이 혼미해질 정도예요. 오다이바에 있는 거대 건담 로봇도 구경해야겠죠?

신사의 정체

우리나라는 주로 사당에서 조상의 신주를 모시고 제사도 지내잖아요. 그런데 일본은 동네 곳곳의 많은 신사가 그런 역할을 해요. 신사는 이런저런 신들을 모시는 곳이에요. 일본 신사에서 받드는 신에는 우리나라에서 건너 간 고구려인도 있고(고마진자), 일왕도 있고(메이지신궁), 임진왜란을 일으킨 도요토미 히데요시(오사카의 도요쿠니 신사)도 있어요. 모두 알다시피 야스쿠니 신사는 전범들을 합사하는 곳이지요. 도쿄에서 신사를 가게 되면 어떤 신을 모시고 있는지, 우리나라 역사와 관련성은 없는지 한번쯤 살펴보면 좋을 것 같아요.

花園一番街
tomorrow
BAR•FOOD•GALLERY
SAPPORO
Hair of the Dogs
都藍
TURAN
BON TA
エス
welcome

A Walk In Tokyo

지금 바로 도쿄

토실토실한 길고양이가 심드렁하게 배 깔고 누워 있는 거리,
무엇을 걸치든 무엇을 신든 그저 그러려니 하는 사람들,
도쿄가 내게 자유를 준다.
지금 바로, 도쿄.

나의 첫 3박 4일 여행 코스

처음 도쿄를 찾은 경우에는 지역 위주로 여행지를 묶은 뒤 우선순위에 따라 세밀하게 경로를 짜는 것이 좋아요. 관광지는 크게 동부, 서부, 외곽 이렇게 묶을 수 있어요. 그런 다음 꼭 가야 할 명소를 두세 곳 선정해서 가고, 이동 중 한두 곳을 추가로 들르는 식으로 계획합니다. 그렇게 하면 꼭 가야 할 명소를 빠뜨리는 일은 없을 거예요.

도쿄 중심부와 그를 둘러싼 주변 지역, 도쿄 외곽 지역으로 구분할 수 있다.

도쿄는 대부분의 지역을 지하철로 이동할 수 있으니 거리에 개의치 말고 테마별로 일정을 짜는 것도 추천해요. 특히 여러 번 도쿄를 방문한 사람이라면 자신의 취향이나 취미에 맞추어 일정을 짜는 게 좋겠지요. '내가 좋아하는 것이 뭘까?' 고민하는 당신, 여러 가지 주제별 핫스폿을 보고 나만의 일정을 짜보세요.

① 말랑말랑 스위트 코스

도쿄의 도시미를 즐기고 싶다면 이 코스를 추천해요. 친구끼리 가도 좋고, 부모님과 함께 가도 부담 없는 일정이에요. 더 부지런히 다니면 중간 중간에 몇 곳을 더 들를 수도 있어요. 이 코스는 현대적이고 세련된 도심의 편리함과 유구한 세월의 전통이 조화롭게 어우러져요.

tip 부모님과 함께 갈 때는 오전을 조금 빠듯하게 움직이고, 오후를 여유 있게 짜는 것이 좋아요. 또 스폿마다 쉴 수 있는 공간을 미리 찾아두면 모두 힘들지 않게 다닐 수 있을 거예요.

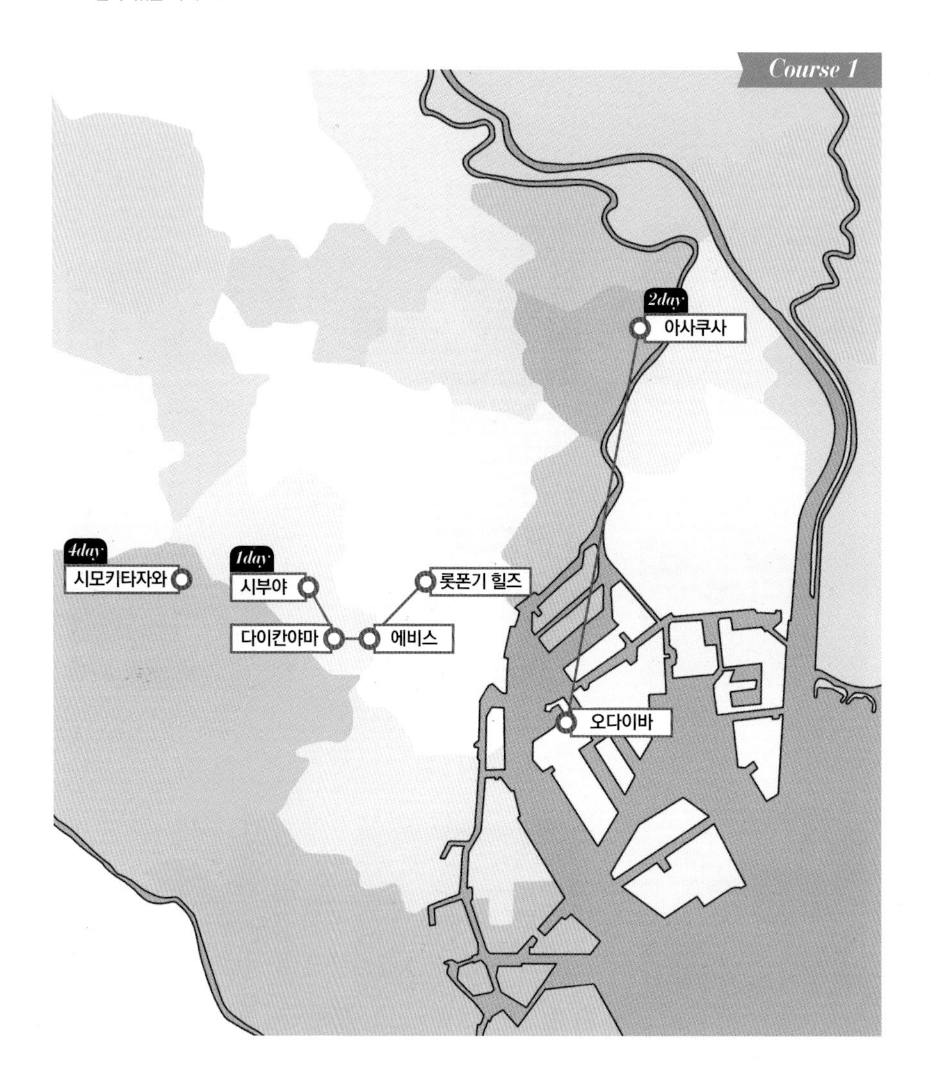

② 옛것이 좋은 탐구자 코스

조용한 도쿄의 멋을 느끼고 싶다면 이 코스를 추천해요. 역사와 사회에 책임감을 지닌 성숙한 시민으로서의 발자취를 남길 수 있지요. 다만, 너무 방대한 정보의 입력은 머리가 아플 수 있으니 쉬엄쉬엄 가도록 해요.

tip 높은 빌딩 사이에 숨겨진 정겨운 골목길을 느낄 수 있어요. 어느 골목 귀퉁이 작은 꼬치집에서 맥주 한잔하며 도쿄의 밤을 즐겨도 좋아요.

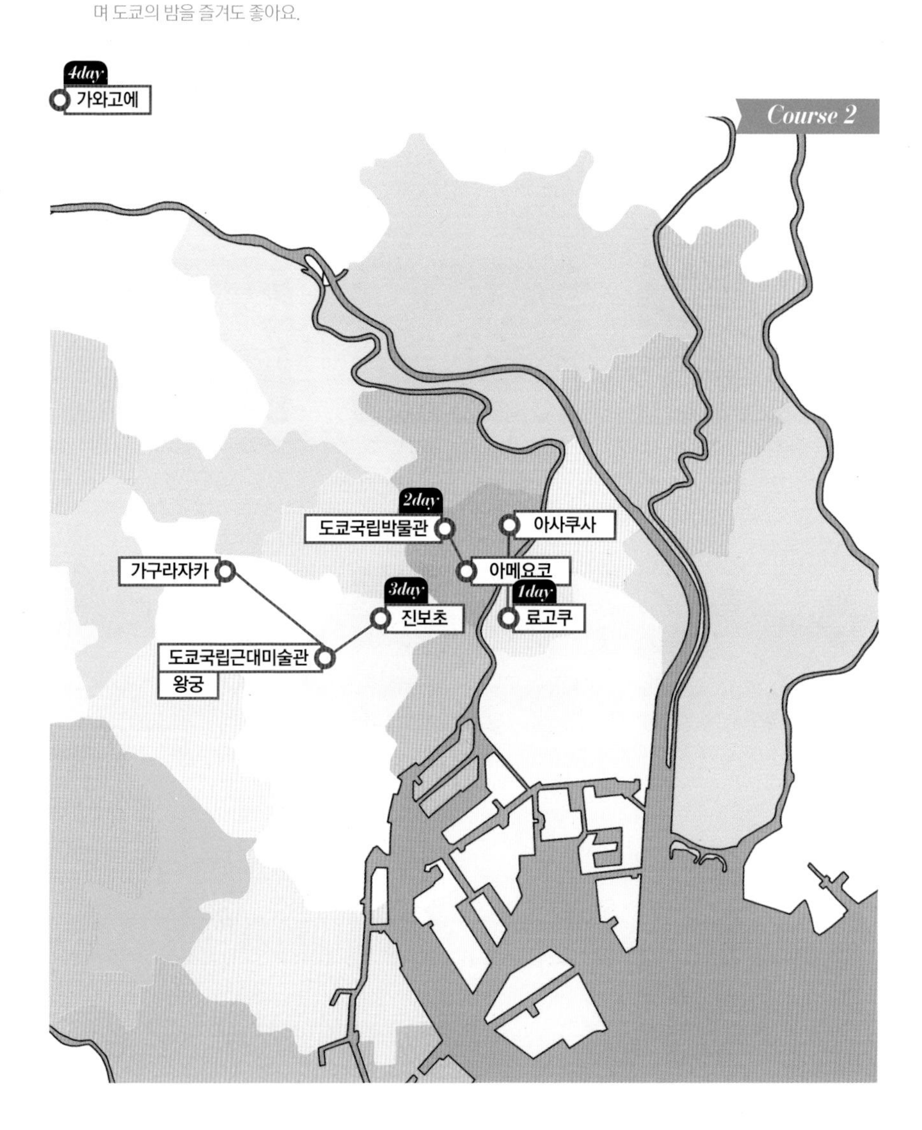

3 취미 생활 탐방 코스

어른이의 취미생활을 즐기고 싶다면 이 코스를 추천해요. 원피스 테마파크와 도쿄 디즈니랜드 같은 다양한 액티비티까지 즐길 수 있어요. 애니메이션을 좋아한다면 지브리박물관과 도라에몽박물관을 일정에 포함시켜도 좋아요. 돌아오는 비행기에서는 지난 3박 4일이 분명 꿈처럼 느껴질 거예요.

tip 도쿄 디즈니랜드는 아무래도 긴 시간을 투자해서 즐기는 것이 좋아요. 볼거리와 즐길 거리가 많고 도쿄 중심지에서도 꽤 떨어져 있어서 많이 고단할 수 있거든요.

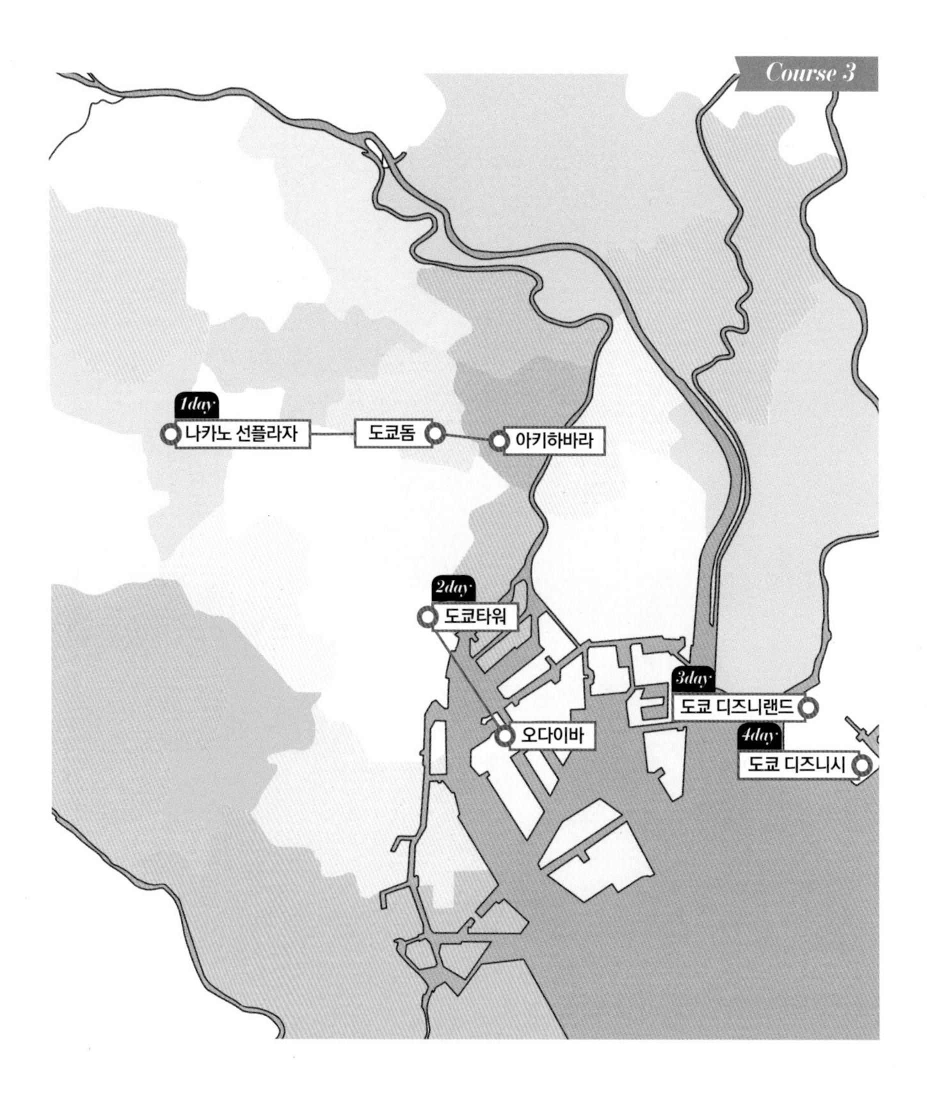

Shibuya

Ebisu

Daikanyama

Roppongi Hills

Asakusa

Odaiba

Enoshima

Yokohama

Shimokitazawa

Ryogoku

A Walk In Tokyo

Jimbocho

Kagurazaka

Kudanshita

Kawagoe

Nakano

Koenji

Akihabara

Tokyo Tower

Tsukiji

Tokyo Disneyland

Hot Place
In Tokyo

Shibuya

시부야 渋谷

Information

JR 시부야渋谷 역 하치코ハチ公 출구
도쿄 시부야渋谷구

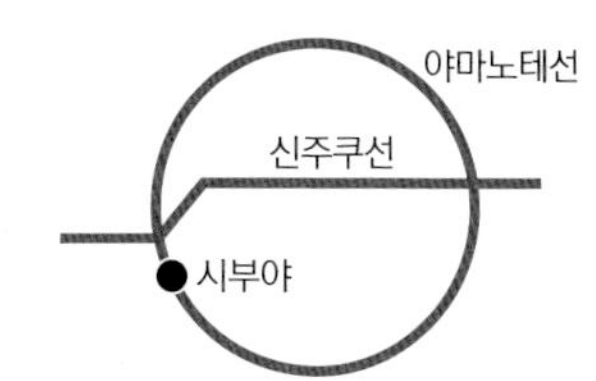

Best Spot

하치코 동상

시부야 역 바로 앞

시부야 109

10:00~21:00(쇼핑), 11:00~22:30(카페)
https://www.shibuya109.jp/

쓰타야 서점

10:00~02:00
http://tsutaya.tsite.jp/

북적이는 도쿄의 전형, 젊고 예쁜 멋쟁이의 집결지

젊은 유동인구가 많아 북적북적한 시부야는 사무실과 패션 쇼핑몰 등이 공존하는 곳이다. 번쩍이는 전광판 아래로 횡단보도의 보행 신호가 동시에 들어오는 스크램블 교차로가 유명하다. 신호가 바뀌고 많은 사람이 한꺼번에 길을 건너는 모습, 내가 그 속에 끼어 있는 모습이 인상적이다.

JR 시부야 역에는 유명한 동상이 있는데, 역 앞에서 주인을 매일 기다리던 개 '하치'의 동상이다. 주인에 대한 하치의 충심을 기리는 의미에서 이름에 '공公'을 붙여 '하치코'라고 부른다. 시부야 역의 상징이 된 하치코 동상은 사람들에게 만남의 장소, 기념촬영 장소로 활용된다. 하지만 혹자에게는 그냥 '동상이구나', '개네' 정도의 느낌(?)일지도 모르겠다.

젊은 여성들의 유행 패션을 한눈에 볼 수 있는 '시부야 109' 패션몰은 여자들의 놀이터. 10대부터 20, 30대 여성들이 좋아할 만한 패션 아이템의 모든 것을 만날 수 있다. 쇼핑 좋아하는 젊고 예쁜 멋쟁이들이 많이 모인다. 건물 외관 광고에 걸린 최신 유행 아이템을 보는 재미도 빼놓을 수 없다. 남성을 위한 '109 맨즈'도 있다.

책이나 CD에 관심이 많다면 쓰타야 서점에 들러보는 것도 좋겠다. 일본 전역에 있는 쓰타야는 책, DVD, CD, 게임 등을 판매하거나 대여하는 대형 서점이다. 새 제품은 물론이고 중고품도 파는데 중고라도 상태가 꽤 괜찮아서 가성비가 좋다. 쓰타야는 순수 책방보다는 카페로 활용하기에 좋다. 쾌적한 실내에서 먹거리와 음료를 즐기고 한쪽에 마련된 좌석에서 책을 마음껏 구경한다. 서울보다 모든 것이 느리고 한 발짝 물러선 느낌이 드는 도쿄의 쓰타야에서 여유로움과 함께 지친 몸을 회복해보자. 여력이 된다면 시부야 역에서 1킬로미터 떨어진 쓰타야 다이칸야마 점도 가보기를 권한다.

1 주인에 대한 하치의 충심을 기리는 의미에서 이름에 '공公'을 붙여 '하치코'라고 부른다. **2** 책이나 CD에 관심이 많다면 쓰타야 서점에 들러본다. **3** '시부야 109' 패션몰은 여자들의 놀이터.

4, 5, 6 옷, 구두, 가방, 화장품 등 10대부터 20, 30대 여성이 선호하는 패션이 주류를 이룬다. 물건도 물건이지만 화려하게 치장한 직원들을 보는 것이 더 재미있다.

Ebisu & Daikanyama

에비스 恵比寿 & **다이칸야마** 代官山

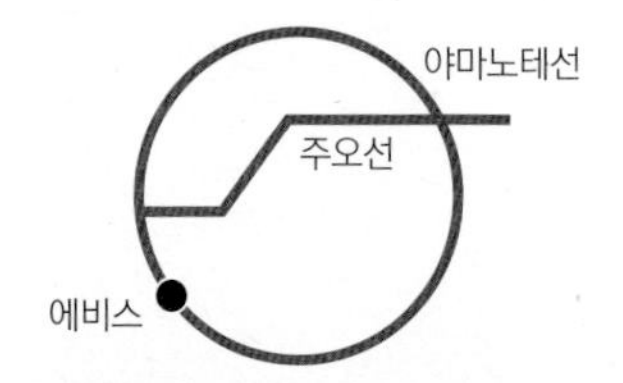

Information

JR 야마노테山手선 에비스恵比寿 역 동쪽 출구 도보 5분
도쿄메트로東京メトロ 히비야日比谷선 1번 출구 도보 7분

도쿄 시부야渋谷구

맥주 한 잔 마시며 분위기에 취하기 좋은 곳

고층 빌딩 사이로 로맨틱한 유럽풍 건물이 안정감과 따스함, 편안함을 주는 곳이다. 에비스 역에서 스카이워크를 따라 걷다가 에비스 맥주기념관, 비어 스테이션에 들러 맛있는 에비스 맥주를 마셔보자. 이곳에서 마시는 맥주 맛도 감탄이 절로 나오지만, 밤이 되면 켜지는 조명도 산책하는 데 더없이 환상적이다. 특히 겨울철 일루미네이션은 규모가 작아도 정말 아름답다.

에비스 가든 플레이스는 복합 문화 시설이 들어선 아담한 광장 같은 곳이다. 차분하고 정감 있는 붉은 벽돌 건물이 서정적인 분위기를 자아내는데, 극장과 홀 공간, 도쿄도 사진미술관, 맥주기념관 등과 레스토랑, 가게들이 한데 모여 있다. 날이 좋을 때는 특별히 어디에 들어가지 않아도 돔 지붕 밑에 빙 둘러져 있는 벤치에 앉아 차 한 잔 마시며 담소를 나누기에 좋다.

걸어서 20분 거리에 있는 다이칸야마代官山에 들르는 것도 추천한다. 고급 주택지이자 대사관과 외국인 거주지가 많은 다이칸야마는 도쿄 내에서 이국적인 분위기를 자랑한다. 일본 건축계의 거장 마키 후미히코가 설계한 힐사이드 테라스 같은 상징적인 건축물을 둘러보는 것도 의미가 있고, 널찍하고 쾌적한 거리를 걸으며 자유로운 분위기를 만끽하기에도 좋다. 골목 사이사이에 숨은 감각적인 가게들과 길을 걸으며 마주하는 도쿄의 멋쟁이들이 사뭇 반갑다. 다이칸야마만 따로 가려면 도큐도요코東急東横선 다이칸야마 역에서 하차하면 된다.

Best Spot

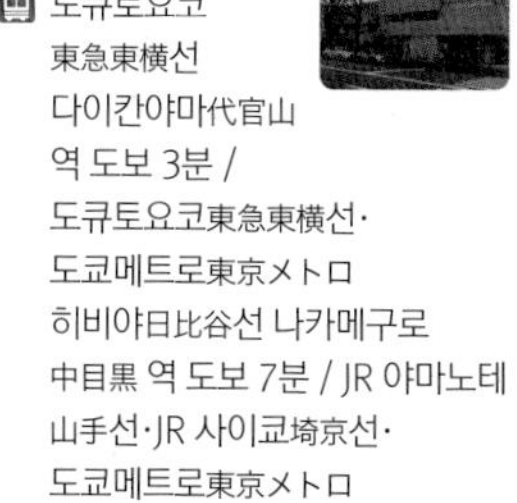

가든 플레이스

11:00~19:00 (맥주기념관)

https://gardenplace.jp/

힐사이드 테라스

도큐토요코東急東横선 다이칸야마代官山 역 도보 3분 / 도큐토요코東急東横선·도쿄메트로東京メトロ 히비야日比谷선 나카메구로中目黒 역 도보 7분 / JR 야마노테山手선·JR 사이쿄埼京선·도쿄메트로東京メトロ 히비야日比谷선 에비스恵比寿 역 도보 10분

09:00~18:00

http://hillsideterrace.com/

1 에비스 가든 플레이스로 연결된 스카이워크. 2 맛있는 에비스 맥주를 마실 수 있는 맥주기념관에 들러 시원하게 한 잔!

Roppongi Hills

롯폰기 힐즈 六本木ヒルズ

Information

- 도에이지하철都営地下鉄 오에도大江戸선 롯폰기六本木 역 3번 출구 도보 4분
- 도쿄메트로東京メトロ 히비야日比谷선 롯폰기六本木 역 1C 출구 직결
- 도에이지하철都営地下鉄 오에도大江戸선 아자부주반麻布十番 역 7번 출구 도보 5분
- 도쿄메트로東京メトロ 남보쿠南北선 아자부주반麻布十番 역 4번 출구 도보 8분
- 도쿄 미나토港구

모리타워

쇼핑센터와 모리 미술관이 있는 화려하고 세련된 언덕

도쿄 내에서도 도회적인 세련미를 대표하는 롯폰기 힐즈는 쇼핑센터와 TV아사히 방송국, 정원, 문화시설 등을 골고루 모아 놓은 기획 공간이다. 첫눈에는 기괴하지만 볼수록 아름다운 66플라자의 거미 동상 '마망'은 롯폰기 힐즈의 상징적 존재이고, 주상복합빌딩 모리타워는 도시인의 놀이터다.

낮에는 모리정원과 모리타워 꼭대기의 모리미술관을 둘러보자. 모리미술관은 체험 위주의 설치 미술을 전시하는 아시아 최대의 현대 미술관이다. 여타 미술관처럼 고전 작가의 작품을 어렵게 보여주는 스타일이 아니라 누구나 미술을 가까이 접할 수 있게 만들어준다. 미술관 내에서 여러 재미있는 연출 사진을 찍었다면, 밤에는 미술관 바로 아래층 도쿄 시티뷰의 전면 유리 전망대에서 도쿄타워의 빛나는 야경을 감상한다. 도쿄의 밤은 서울의 밤과 비교하면 좀 더 어두운 편인데, 그 어둠 속에서 촘촘히 불을 밝힌 타워가 아주 돋보인다.

전망대 중앙에는 커피 한 잔의 여유를 즐길 수 있는 카페가 자리하고, 가장자리 쪽으로는 통유리 너머 도쿄 시내를 한눈에 바라볼 수 있는 레스토랑이 있다. 의자도 안락하고 여행 중 럭셔리한 분위기를 내기에도 제격이다. 겨울에는 미드타운 일루미네이션이 화려하다.

모리정원은 넓은 부지에 연못, 작은 폭포수, 꽃과 우거진 나무가 있어 산책하기 좋다. 350여 년 전 에도시대 다이묘(영주) 저택의 자취가 남아 있는 일본 전통 양식의 정원이다. 이제는 제법 유명해진 다소 생뚱맞은 하트 조형물도 보고, 산책로를 어슬렁어슬렁하다가 TV아사히에 들어가 〈창가의 토토〉의 작가 '데쓰코' 인형도 만나고, 〈짱구는 못 말려〉의 짱구네 식구들도 구경해본다. 캐릭터 굿즈 숍인 '테레아사 숍'에는 그동안 TV아사히에서 방영한 애니메이션 주인공들의 캐릭터 상품이 다수 진열되어 있다.

Best Spot

마망

09:00~18:00

모리타워

타워 내 각 시설별로 다름

@ www.roppongihills.com/ko/

1 어울리는 듯 아닌 듯 자리하고 있는 모리정원의 하트 조형물. 2 불을 밝힌 도쿄타워와 일루미네이션.

Asakusa

아사쿠사 浅草

Information

긴자金座선 아사쿠사浅草 역 1번 출구
도에이아사쿠사都営浅草선 아사쿠사浅草 역 A4 출구 도보 1분
도쿄 다이토우台東구

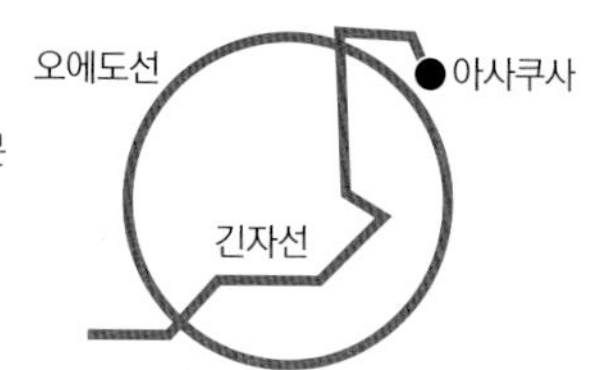

나카미세

대략 10:00~ 18:00

http://www.asakusa-nakamise.jp/about/index.html

초밥집 거리
(스시야도리すし屋通り)

가미나리몬을 뒤로 두고 오른쪽 방향 직진

300미터 나카미세가 매력적인 전통미의 보고

도쿄 도심에서도 전통의 아름다움을 간직한 곳이 아사쿠사다. 도쿄 여행에서 모두가 빼놓지 않고 둘러보는 곳이며, 일년 내내 관광객으로 북적이는데 실제로도 가보면 재미있다.

옛 도쿄인 에도의 번화가였던 아사쿠사는 도쿄 민간신앙의 중심지인 센소지를 중심으로 절과 불상 등이 잘 보존되어 있고, 전통의 정취가 여전히 살아 있다.

사찰 입구의 가미나리몬은 웬만한 사람은 다 알 만큼 유명한데, 액운을 막아주는 수호문이다. 이 문을 지나면 300미터의 참배길인 나카미세가 이어진다. 눈이 휘둥그레질 만큼 구경거리가 많아서 여기저기 기웃거리다 보면 시간 가는 줄 모른다. 이 길에 늘어선 가게에서는 옷이나 인형, 부채, 거울 등 전통 공예품을 살 수 있으며, 일본 색이 깃든 기념품이나 선물용품을 마련하기에 좋다.

갓 만들어 내놓는 경단과 닌교야키 같은 빵, 냉차, 아이스크림 등 먹거리도 많아 입이 심심하지 않다. 평소에도 관광객이 많지만 특히 새해 첫날에는 '첫 참배'를 하려는 도쿄 시민들로 잘 걷지도 못할 만큼 인산인해를 이루는 곳.

아사쿠사는 스미다 강과 인접해 있어서 강변에서 아사히맥주 빌딩과 스카이트리가 있는 전경을 감상하기에도 좋고, 배를 타고 오다이바로 가기에도 좋다. 때가 맞으면 강에 비치는 은은한 불빛이 환상적인 유등 축제도 만날 수 있다. 유등을 일본에서는 스미다 강의 여름 풍물시라고 일컫는데, 돌아가신 조상의 넋을 기리는 행사이지만 지금은 저마다의 희망을 등에 담아 강에 띄운다. 매해 8월 중순경에 열린다. 아사쿠사1초메, 가미나리몬 거리에서 롯쿠 유흥가까지 약 100미터 이어진 초밥집 거리도 즐거움을 준다.

1 따끈따끈한 경단(단고)을 파는 가게. 2 일본 전통 종이로 유명한 가게 구로다야. 3 오글오글한 천인 치리멘으로 만든 작은 상자. 속에 별사탕이 들었다. 4 바람이 불면 청아한 소리를 내는 일본 스타일 유리 풍경. 5 초밥집 거리의 우아한 외관을 가진 초밥집. 6 전통 천을 이용한 색색의 모빌들. 7 우리의 인사동처럼 외국인 관광객이 꼭 거쳐 가는 곳으로 인식되어 있다.

Odaiba

오다이바 お台場

Information

🚉 유리카모메ゆりかもめ선
오다이바가이힌고엔お台場海浜公園 역 북쪽 출구

📍 도쿄 미나토港구

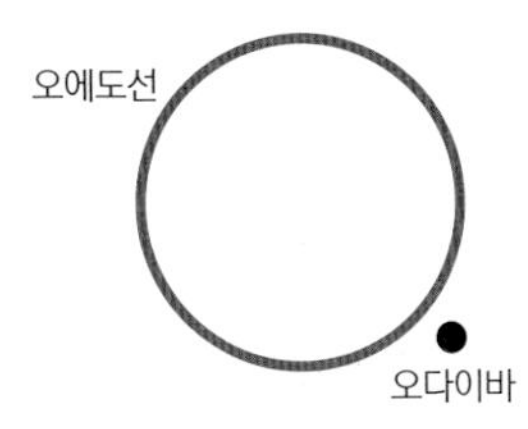

Best Spot

자유의 여신상

📍 오다이바
가이힌고엔
お台場海浜公園 역
북쪽 출구 도보 4분

거대 건담

📍 오다이바
가이힌고엔
お台場海浜公園 역
북쪽 출구 도보 4분

조이폴리스

📍 오다이바
가이힌고엔
お台場海浜公園 역
북쪽 출구 도보 2분

🕘 10:00~22:00(연중무휴)

@ http://tokyo-joypolis.com/index.html

거대 건담과 레인보우브리지 야경이 유명한 곳

아사쿠사에서 오다이바까지 수상버스를 타고 가면 배 안에서 간식도 먹고 도쿄 전경도 구경하기 좋다. 우주선 모양의 특이한 외양을 가진 히미코호, 호타루나호 등이 유명하다. 정원은 보통 200명 안팎인데, 배 종류에 따라서는 500명인 것도 있다. 탑승장에서 스카이트리와 아사히 본사 등이 보인다. 아사쿠사에서 오다이바까지는 50분 정도 소요되며, 뱃삯은 1,260엔이다. 배가 싫은 사람은 유리카모메ユリカモメ선 다이바台場 역을 이용한다.

오다이바의 상징은 자유의 여신상인데, 미국의 자유의 여신상에 비해 크기는 좀 작지만 모양은 똑같다. 1998년 '일본에서의 프랑스해'를 기념해 약 1년간 프랑스의 자유의 여신상을 전시한 적이 있는데, 이를 반환한 뒤에는 복제품을 만들어 전시 중이다. 오다이바의 포토 스폿으로 단연 손색이 없다.

레인보우브리지와 자유의 여신상이 한데 어우러진 오다이바의 풍광은 시원하고 이국적이다. 여름에는 오다이바에 위치한 아담한 해변 공원에서 발을 담그며 물놀이를 하기도 한다.

오다이바에 갔다면 실내 테마파크 조이폴리스에서 액티비티를 즐겨보는 것도 좋다. 놀이공원보다는 게임센터에 가까운데, 3D입체게임, 가상체험 등이 신난다. 그러나 자유이용권은 다소 비싼 편.

후지TV를 둘러보고, 기념품 가게와 음식점이 있는 다이버시티 도쿄 플라자에 들러 기념품을 구경하거나 쇼핑한 다음, 피규어 마니아들의 성지 거대 건담을 배경으로 인증샷을 찍는다.

1 다이버시티 앞의 거대 건담. **2** 후지 TV 본사. **3** 오다이바의 상징, 자유의 여신상. **4** 배에서 감상하는 오다이바 전경. **5** 조이폴리스는 입장권만 구입하면 800엔이지만 입장권이 포함된 어트랙션 자유이용권은 성인 기준 4,300엔이다.

Enoshima

에노시마 江ノ島

Information

오다큐전철小田急電鉄 에노시마江ノ島선 가타세에노시마片瀬江ノ島 역

가나가와神奈川현

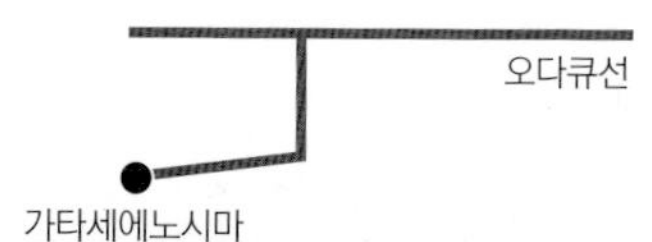

예쁜 신사와 전차가 낭만적인 여행지 속의 여행지

도쿄에서 열차로 1시간 30분 거리의 가나가와현 에노시마는 두 개의 다리로 이어진 둘레 4킬로미터의 해안가 섬이다. 섬으로 가기 위해 전철역에서 나오면 가장 먼저 용궁을 모티브로 했다는 아름답고 특색 있는 붉은색 가타세에노시마 역의 화려한 외관에 감탄하게 된다. 에노시마로 이어지는 다리 건너에는 전망 등대인 '씨 캔들'이 보이는데, 겨울철이면 씨 캔들과 그 주변으로 일루미네이션 점등 행사를 갖고, 이 일대는 순식간에 빛의 섬으로 변신한다. 일명 '쇼난의 보석'이라는 행사인데 말 그대로 보석을 수놓은 듯 예쁘기 그지없다. 운 좋게 이 행사를 보게 되면 결코 잊기 어려운 추억이 될 것이다.

계단을 한참 올라가야 도달하는 예쁜 '에노시마 신사'와 에노덴이라는 전차, 지역 토산품 가게와 맛있는 음식점이 줄지어 선 옛 정취 가득한 골목은 산책하기에 제격이다. 신사로 가는 길 자체가 상점들이 줄지어 늘어선 좁은 오르막길인데, 두리번거리며 물건들을 구경하다 보면 별로 힘겹지 않게 오를 수 있다. 다만, 계단은 좀 경사가 급해서 힘들 수 있다.

바다 전망이 한눈에 보이는 탁 트인 해변 카페는 연인들을 행복하게 해준다. 에노시마 전경이 시원하게 펼쳐진 해변은 만화영화 〈슬램덩크〉의 배경지로 더 유명하지만, 사실 에노시마 바다는 일본에서도 최고로 알아주는 곳이다.

에노시마는 갓 잡은 치어(알에서 깬 지 얼마 안 되는 어린 물고기) '시라스'를 이용한 음식들이 꽤 유명하고 맛있다. 속이 훤히 보이는 잔멸치를 먹는 것과 비슷한데, 시라스를 밥 위에 얹은 덮밥이나 시라스를 가득 토핑한 피자를 맛보길 권한다. 그 지역에서만 먹을 수 있는 음식을 먹어보는 것도 여행의 큰 즐거움이니까. 단, 평소 해산물을 즐기지 않는 사람은 입에 맞지 않을 수도 있다. 등대와 동굴, 식물원과 넓은 해수욕장이 있고, 숙박시설이 즐비하다.

Best Spot

에노시마 신사

가타세에노시마 片瀬江ノ島 역 도보 16분
09:00~18:00
http://enoshimajinja.or.jp/

에노덴

가타세에노시마 片瀬江ノ島 역 도보 7분

1 에노시마 신사는 인연을 만들어주는 곳으로 유명하다. 사진은 소원을 비는 쪽지들.
2 용궁을 형상화한 가타세에노시마 역.

Yokohama

요코하마 横浜

Information

🚉 JR 히가시니혼東日本 요코하마横浜 역
도큐큐코덴테쓰東京急行電鉄 요코하마横浜 역

📍 가나가와神奈川현

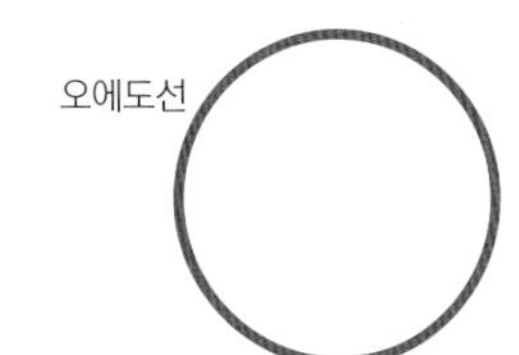

Best Spot

코스모월드

🚉 미나토미라이
みなとみらい선
미나토미라이
みなとみらい 역 도보 2분

🕘 대략 11:00~20:00

@ http://cosmoworld.jp/

차이나타운

🚉 요코하마
고속철도
横浜高速鉄道
미나토미라이みなとみらい선
모토마치·주카가이元町·中華街
역 도보 1분, 니혼오도리
日本大通り 역 도보 5분 / JR
네기시根岸선 이시카와초
石川町 역 도보 5분 / JR 네기시
根岸선 요코하마시영 지하철
横浜市営地下鉄 블루라인
ブルーライン 간나이関内 역 도보
7분

🕘 대략 09:00~18:00

@ http://www.chinatown.or.jp/

라면박물관

🚉 JR 요코하마横浜선
신요코하마新横浜
역 도보 2분

🕘 대략 10:00~23:00

@ http://www.raumen.co.jp/

1 요코하마의 역사적 건축물인 붉은 벽돌 창고. 복합쇼핑몰로 운영 중이다. 2 차이나타운의 여러 문들 중 삼국지의 '관우'를 기리는 문. 3 라면박물관의 깜찍한 라면 모형 자석. 4 군침 돌게 만드는 만두들. 고기만두, 해물만두, 홍합만두 등이 있다. 5 코스모월드의 대관람차. 주로 연인들의 데이트 장소다.

신비로움과 북적임, 짜장 없는 차이나타운

도쿄의 위성도시이자 최고의 항만도시인 요코하마는 항구가 주는 낭만과 근대식 서양 건물, 차이나타운이 갖는 이국적 분위기로 인해 잘 조성된 계획도시의 매력이 물씬 느껴지는 곳이다. 대관람차로 유명한 코스모월드는 소문난 데이트 장소인데, 관람차에 오르면 15분 동안 요코하마의 아름다운 광경을 감상할 수 있다. 탁 트인 시야 덕분에 시원한 해방감을 맛본다. 화려한 조명이 켜진 밤의 요코하마는 항구와 고층건물이 어우러져 신비로운 분위기를 자아낸다. 다만 코스모월드를 디즈니랜드 같은 놀이동산처럼 생각하면 크게 실망할지도 모른다. 어트랙션의 규모로 보나 내용으로 보나 특별할 것은 없고 누군가와 함께였다는 기억만 남길 정도로 즐기는 것이 좋겠다. 물론 혼자여도 느낌은 남다르겠지만. 차이나타운의 중식은 우리나라에서 먹는 중식보다 향신료의 향이 더 살아 있어 중국 본토에 가까운 맛인데, 그래서 더욱 매력적이기도 하다. 거리에서 파는 왕만두는 우리 입맛에도 잘 맞는 편. 중국풍 소품들이 즐비한 가게를 구경하는 즐거움도 특별하다.

일본의 쇼와시대를 재현한 라면박물관도 눈과 배를 즐겁게 한다. 라면의 역사와 문화를 보는 것에서 그치지 않고, 위로는 홋카이도, 아래로는 규슈까지 전국 각지에서 맛있기로 소문난 라면집이 늘어선 곳에서 라면을 골라 먹는 재미는 더더욱 크다. 국물, 면, 육수나 기름, 토핑 재료 등을 원하는 대로 조합해서 먹을 수 있는 '마이 라면 키친My Ramen Kitchen'도 인기다. 먹을거리 외에도 책을 좋아하는 입장에서 그곳엔 놀라운 일이 한 가지 있는데, 라면 잡지를 한가득 전시해두었다는 점이다. 오직 라면이라는 하나의 주제로 책을 만들 수 있다니…. 책의 다양성과 구독력 면에서 감탄하게 되고, 동시에 몹시 부러워진다. 라면박물관 내의 상점에서는 큰돈 들이지 않고 지인에게 줄 선물을 사기에도 좋다. 앙증맞고 사실적인 라면 모형 굿즈가 어서 나를 사라고 마구 불러댄다.

5
7:18

Shimokitazawa

시모키타자와 下北沢

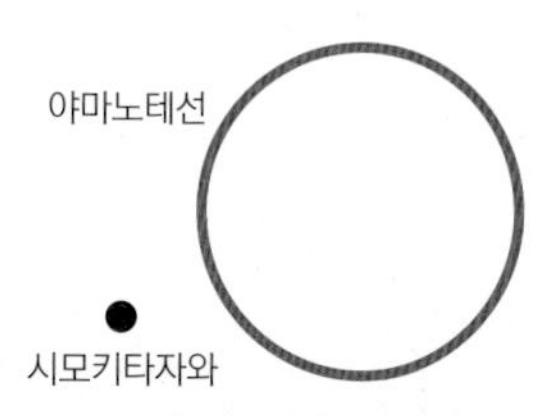

Information

- 게이오이노카시라京王井の頭선·
  오다큐오다와라小田急小田原선 시모키타자와下北沢 역
- 도쿄 세타가야世田谷구

Best Spot

북출구 상점가

시모키타자와 下北沢 역 북쪽 출구 도보 0분

남출구 카페 거리

시모키타자와 下北沢 역 남쪽 출구 도보 0분

문화예술과 구제 쇼핑, 젊음이 넘치는 거리

라이브 공연, 연극 등의 문화예술과 구제품 쇼핑으로 유명한 젊음의 거리다. 시모키타자와에 도착하면 개찰구에서 북쪽 출구로 나와 일단 잡화점이 즐비한 거리를 걸어보자. 홍대를 연상시키는 아담하고 깜찍한 가게들이 많아서 눈요기는 물론이고 사진 찍기도 꽤 즐겁다. 골목 안쪽 곳곳에서 색색의 감각적인 그래피티 아트도 만날 수 있고, 옛 모습 그대로인 듯한 날것의 거리와 풍경도 볼 수 있다. 꼬질꼬질하게 주인의 때가 탄 구두며 옷가지를 파는 빈티지 숍을 구경하다 보면, 마치 오래된 벽장 속 텁텁한 먼지 냄새를 맡는 듯 아련함도 느껴진다.

역 근처에 있는 혼다극장은 '시모키타자와 문화의 발상지'라고 불리는 유명한 극장이다. 386석을 갖춘 지역의 랜드마크인데, 1982년 개관한 이래 도쿄 소극장 연극의 중심적인 존재로 자리매김했다. 이 극장을 중심으로 주변에 다양한 소극장들이 밀집해 있다.

남쪽 출구 쪽에는 예쁜 카페가 많다. 걷다가 출출해지면 마음에 드는 카페에 들어가 와플이나 팬케이크, 베이비 카스텔라를 먹어보길 권한다(베이비 카스텔라는 디저트 코너에서 자세히 소개했다). 카페 중에는 단독주택을 개조해서 만든 농민카페農民カフェ가 호기심을 자극한다. 시골집에 들어선 듯 따듯한 감성의 인테리어에 유기농 식재료로 음식을 만들어 파는 곳인데, 맛에 대한 평가는 대체로 혹독하게 갈리는 편이다. 시모키타자와는 주로 10, 20대들이 선호하는 지역이다.

1 빈티지 숍의 디스플레이는 시모키타자와의 문화나 다름없다. **2** 혼다극장을 중심으로 소극장이 밀집해 있다.

Ryogoku

료고쿠 両国

Information

JR 소부総武선 료고쿠両国 역 / 도에이지하철都営地下鉄 오에도大江戸선 료고쿠両国 역

도쿄 스미다墨田구

Best Spot

에도도쿄박물관

도에이지하철都営地下鉄 오에도大江戸선 료고쿠両国 역 도보 1분

09:30~17:30

https://www.edo-tokyo-museum.or.jp/

에도 노렌

JR 소부総武선 료고쿠両国 역 / 도에이지하철都営地下鉄 오에도大江戸선 료고쿠両国 역 도보 1분

10:00~23:30

http://www.jrtk.jp/edonoren/

스미다호쿠사이 미술관

도에이지하철都営地下鉄 오에도大江戸선 료고쿠両国 역 도보 4분

09:30~17:30(월요일 휴관)

http://hokusai-museum.jp/

1

2

에도시대의 문화와 예술이 궁금하다면

료고쿠는 에도도쿄박물관과 스미다호쿠사이 미술관, 그리고 '국기관'이라는 스모 경기장이 있는 유서 깊은 곳이다. JR 소부선 료고쿠 역의 역사 안에는 역대 스모 선수들의 사진이 걸려 있고, 출구 주변으로 창코나베 가게들이 있다.
스모 선수들이 먹는 대표적 영양식인 창코나베는 칼로리는 좀 높지만 국과 건더기 모두 충실하고 농후해 맛있다. 이 가운데 최근에 새로 생긴 에도 노렌江戸NOREN은 특히 흥미를 끈다. 에도시대의 고풍스러운 분위기를 재현한 복합식당인데, 나베는 물론이고 메밀국수, 초밥, 후카가와메시(된장으로 간하여 끓인 바지락을 자작하게 국물까지 밥에 얹어 먹는 음식. 바지락밥), 디저트 등을 맛볼 수 있다. 료고쿠는 에도의 니기리즈시(초밥) 발상지이기도 하다.

3

에도도쿄박물관은 옛 도쿄의 생활상을 볼 수 있어 색다른 재미를 준다. 에도시대의 의식주와 문화상을 살펴보고, 물지게를 지거나 가마에 올라앉는 체험도 해보자. 곳곳에 실물 크기 또는 훨씬 커다란 밀랍 인형이 마치 그 시절 그곳에 사는 듯 생생하게 자리하고 있어 이해를 도울 뿐 아니라, 보는 재미까지 듬뿍 선사해준다. 한 번쯤은 접해봤을 일본의 '우키요에' 전시관인 스미다호쿠사이 미술관도 이곳에 있다. 우키요에는 에도시대에 서민층을 기반으로 발달한 풍속화인데, 여인과 무사를 그린 작품이나 사회상을 묘사한 작품이 많다. 프랑스 인상파에 영향을 주기도 했다.

1 거리를 걷는 위풍당당한 스모 선수와 료고쿠 역의 스모 선수 동상. **2** 에도인의 생활을 보여주는 등신대의 밀랍 인형. **3** 복합식당 건물 '에도 노렌' 내부. **4** 에도 노렌 실내에 자리한 실외 스타일 가게. **5** 스미다호쿠사이 미술관 입구의 감각적인 디자인이 눈길을 끈다. **6** 가쓰시카 호쿠사이의 대표작이자 우키요에의 상징과도 같은 파도 그림.

Tokyo National Museum

도쿄국립박물관 東京国立博物館

Information

JR 야마노테山手선 우에노上野 역 공원 출구 도보 10분
도쿄메트로東京メトロ 긴자銀座선·히비야日比谷선 우에노上野 역 공원 출구 도보 15분

도쿄 다이토台東구

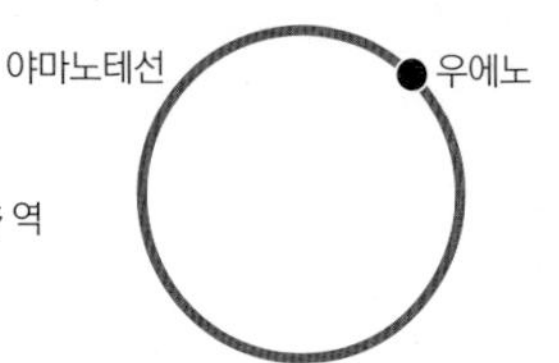

가깝고도 먼 나라 일본의 뿌리를 알아보자

예로부터 우리와 떼려야 뗄 수 없는 관계를 맺어온 일본. 다른 나라에 비하면 일본에 대해 많은 것을 아는 편이지만, 모르는 것도 적지 않을 것이다. 그런 의미에서 도쿄에 갔다면 국립박물관을 찾아 그들의 뿌리를 알아보자.

그런데 문제는 관람의 양이다. 본관, 동양관, 효케이관, 호류사 보물관, 헤이세이관 등 총 5개 관으로 나뉘어 있어 하루 안에 다 관람하기가 쉽지 않다. 취향에 따라, 또는 방문 시기에 따라 특별전시관을 찾거나, 무엇을 봐야 할지 결정하기 어렵다면 본관의 상설전시관을 추천한다. 어마어마하게 많은 작품 수에 지칠 수도 있는데 조몬, 야요이시대부터 시작하는 일본 미술의 흐름을 순차적으로 알 수 있어 뜻깊다. 조몬시대의 토기, 토우 및 야요이시대의 토기와 동탁, 고분시대의 토용, 동경 등을 둘러보고 각 시대의 문화와 특징을 파악한다.

두루마리 그림을 통해 일본의 귀족문화를 엿볼 수 있는 전시실도 있는데 그 화려함에 저절로 눈길이 간다. 일본 최고의 고전 작품이자 최초의 산문 소설이며 여류 작가의 작품인 《겐지 이야기》를 그림으로 표현한 이 유물들에서 일본 문자인 가나와 미술 작품의 조화를 직접 목격하는 뿌듯함을 느낄 수 있다.

동양관에 가면 한국관도 마련되어 있다. 그런데 우리의 고조선 역사를 부정하는 일본의 역사관에 따라 한국 역사에서 2,000여 년이 삭제되어 있다. 가야 왕관과 신라 금귀고리, 금동 장식, 곡옥, 기마인물토우 등 우리 문화재가 다수 전시되어 있는 것을 보노라면 왠지 복잡한 감정이 들기도 한다. 홈페이지에 연간 전시 일정이 소개되어 있고 한국어 지원도 되니 확인 후 방문하기를 권한다.

참고로 박물관 내에서의 촬영은 금지된 것과 가능한 것이 그림으로 표시되어 있다. 잘 구별해서 찍어야 눈총을 받지 않는다. 플래시는 기본적으로 금한다.

Best Spot

본관·동양관

09:30~17:00
(월요일 휴관.
단, 월요일이
공휴일인 경우 다음 날 휴관)

http://www.tnm.jp/

1

2

1 외관이 두드러지는 효케이관. 일본의 중요 문화재다. **2** 일본 갤러리인 본관. 1층에 조각, 도예, 도검 등을 전시한다.

National Museum Of Modern Art, Tokyo

도쿄국립근대미술관 東京国立近代美術館

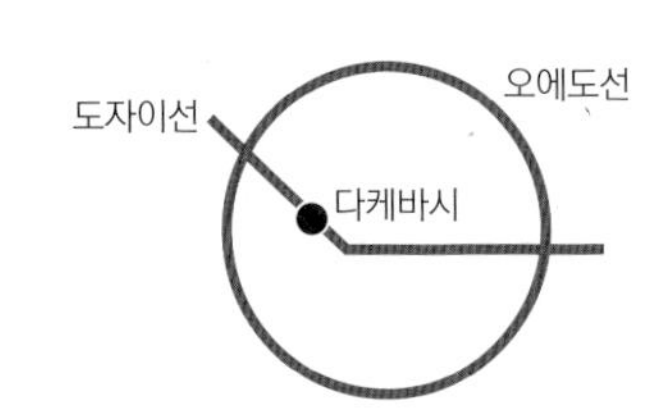

Information

- 도쿄메트로東京メトロ 도자이東西선 다케바시竹橋 역 1b 출구 도보 3분
- 도쿄 지요다千代田구 기타노마루北の丸 공원

일본의 근대를 만나는 우아한 미술관 산책

도쿄 한복판에 있는 비밀스러운 공간 왕궁(일본에서는 '황거'라 한다). 왕궁은 원래 도쿠가와 막부의 성(에도성)이었는데, 1868년 교토에 기거하던 메이지 일왕이 지금의 장소로 옮기면서부터 일왕의 궁으로 사용하게 되었다. 시민들은 이 왕궁 주변을 조깅 코스로 이용하고, 인접한 기타노마루 공원 내의 미술관에서는 미술 작품을 감상한다.

도쿄국립근대미술관은 일본 최초의 국립미술관으로 중요 문화재를 포함해 소장 컬렉션이 1만 3,000점이 넘는다. 근대미술관과 근대미술공예관으로 나뉘며, 얼마 전까지 함께 있었던 필름센터는 따로 독립한 상태다. 20세기 초에서 현대에 이르는 회화, 조각, 수채화, 소묘, 판화, 사진까지 일본 근대 미술계의 흐름을 한눈에 볼 수 있다. 1층은 기획 전시장, 2~4층은 일본 근대 회화, 근대 조각 작품을 전시한다. 상설 전시가 있고 교체 작품 전시가 있으니, 미리 전시 내용을 확인하고 방문하자. 그런데 역시 작품의 양이 방대하여 관람하는 데 시간이 꽤 걸린다.

전시 작품 가이드에 한국어 설명이 덧붙어 있어 일본어를 몰라도 감상하는 데 어려움이 없다. 일본인들의 관람 태도는 아주 조용하고 느긋한 편이니, 관람 속도를 고려해 천천히 둘러본다.

왕궁 주변 산책로는 도쿄 시민들이 많이 찾는 곳으로, 미술관 관람 후 도쿄의 정취를 느끼며 걷기에 좋다. 왕궁과 주변 조망은 덤이다. 2007년에 새로 문을 연 롯폰기의 도쿄국립신미술관에도 다양한 기획전이 있으니 관심이 있다면 들러보는 것도 좋겠다.

Best Spot

근대미술관

10:00~15:00 (평일), 10:00~20:00(금·토)
(월요일 휴관. 월요일이 공휴일인 경우 다음 날 휴관)

@ http://www.momat.go.jp/

1 도쿄국립근대미술관의 가장 큰 볼거리는 서양 화풍을 받아들인 초창기 일본의 서양화다. 2 왕궁은 주변의 접근을 막는 인공 못 '해자'로 둘러싸여 있다. 미술관 4층 휴게 공간에서도 조망할 수 있다.

Jimbocho

진보초 神保町

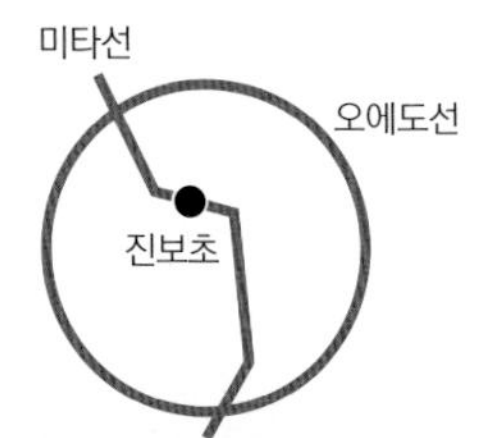

Information

도에이신주쿠都営新宿선 진보초神保町 역
도에이미타都営三田선 진보초神保町 역 A4, A7 출구

도쿄 지요다千代田구

희귀 고서와 근대 서적이 다 있는 신기한 보물창고

한국에서는 이제 거의 볼 수 없게 된 헌책방 거리가 아직 일본에는 건재하다. 도쿄의 진보초에서는 비교적 최근의 중고책은 물론, 희귀 고서와 근대 서적까지 다양하게 만날 수 있다. 이곳저곳 헌책방들을 돌아다니다 보면, 고서까지는 아니지만 부모님 세대가 어릴 적 즐기던 잡지나 만화책 등이 매우 훌륭한 상태로 보관된 것을 보게 되는데, 신기함을 넘어 약간의 경외심마저 든다. 책의 종류는 차치하고라도 독서를 좋아하고 책을 아끼는 일본 사람들의 생활 태도를 엿볼 수 있다.

도쿄 진보초에서 한국의 국보급 고서가 발견되었다는 오래전 괴담(?)을 상기하며 한자 책에 눈을 돌려보지만 역시 어렵다. 눈이 몹시 피로하므로 그런 요행은 다음 기회로…. 이 밖에 손바닥에 쏙 들어오는 미니북은 귀엽기도 하지만 그 정교함에 혀를 내두르게 된다. 시간이 지나 장식용이 될지라도 100엔 정도 투자해 문고본 하나를 구입해보자. 안 먹어도 배부른 느낌이 들지 모른다.

고양이 관련 책을 전문으로 취급하는 냔코도にゃんこ堂는 내부를 훑어보기만 해도 저절로 미소가 지어진다. 통상 400종, 2,000권 이상의 고양이 책을 보유하고 있으며, 서점 내에서 책의 내용을 살펴볼 수 있도록 개방하고 있다. 책뿐 아니라 각종 굿즈도 판매하는데 고양이 캐릭터가 그려진 에코백과 수건, 클리어 파일 등이 아주 예쁘다. 서점 홈페이지만 들여다보아도 고양이 일러스트가 다채롭고 재미있다. 진보초 역에서 아이젠 공원 방향 직진 후 아네카와 서점 내부로 가야 찾을 수 있다.

진보초 역에서 1분 정도 떨어진 거리에는 이국적이어서 눈에 띄는 음식점 '러시아정ろしあ亭'이 있다. 만약 히라가나를 읽고 '그 러시아?'라고 생각했다면 맞다. 러시아 음식점이다. 오래되어 유명한 데다 맛있는 집이다.

Best Spot

냔코도

🕘 10:00~21:00 (평일) 12:00~18:00 (토·공휴일)(일요일 휴무)

@ http://nyankodo.jp/

1 향수를 불러일으키는 옛날 잡지들. 2 고양이와 관련된 귀여운 굿즈가 가득한 냔코도.

Kagurazaka & Kudanshita

가구라자카 神楽坂 &
구단시타 九段下

Information

JR 주오소부中央総武선 이다바시飯田橋 역 서쪽 출구
도쿄메트로東京メトロ 유라쿠초有楽町선·남보쿠南北선 이다바시飯田橋 역

도쿄 지요다千代田구

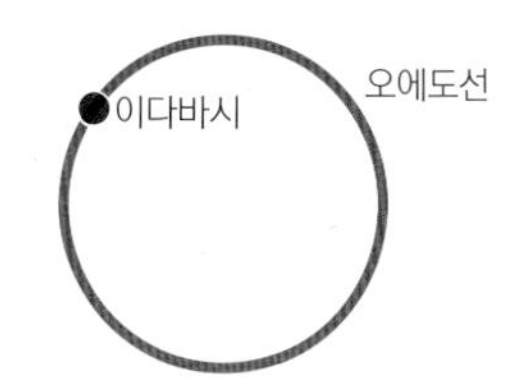

Best Spot

카나루 카페

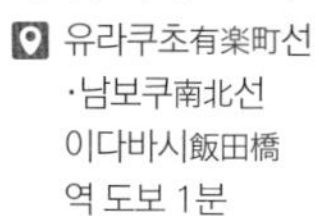

유라쿠초有楽町선 ·남보쿠南北선 이다바시飯田橋 역 도보 1분

11:30~23:00(주말·공휴일 21:30까지)(1·3주 월요일 휴무)

@ http://www.canalcafe.jp/

기노젠

유라쿠초有楽町선 ·남보쿠南北선 이다바시飯田橋 역 도보 3분

11:00~20:00(일요일은 18:00까지)(월요일 휴무)

골목골목 깃든 예스러움으로 누구나 반하는 곳

전통의 우아함을 간직한 언덕 가구라자카를 찾아가보자. 이다바시 역 사거리에서 길을 건너면 좁은 언덕길 양쪽으로 기모노, 전통용품, 도자기 등을 파는 가게들이 오밀조밀 이어진다. 일본 사람들도 관광차 많이 찾는 곳인데, 골목 안쪽으로 들어서면 예스러움이 물씬 풍기는 돌계단과 돌바닥이 인상적이다. 일본인의 은근한 자부심과 그들이 말하는 세련미가 무엇인지 실감하게 된다. 사실 가구라자카가 이런 전통적인 외형을 갖추게 된 데는 '과거'가 있다. 이곳은 고급 요정, 특히 게이샤가 나오는 술집이 많았기 때문이다. 그 영향으로 아직 기모노를 파는 가게와 기모노용 액세서리집이 남아 있고, 요정에서 나올 법한 차림새의 여인도 간혹 눈에 띈다.

지치고 피곤해서 맥주 한 잔이 고플 때는 저렴한 이자카야 '다케코(이다바시 역에서 약 500미터 거리 왼쪽에 위치)'가 좋고, 당 보충이 필요할 때는 기노젠의 '맛차 바바로아'가 좋겠다. 여름에는 이 언덕에서 '가구라자카 마쓰리'라는 유명한 축제가 열린다.

카나루 카페는 해자 주변에 세운 아름다운 수변 레스토랑인데, 벚꽃이 피는 봄이면 자리 잡기가 어려울 만큼 인기다. 파스타와 피자가 주메뉴이며, 선선한 계절에는 물가의 야외 테라스가 운치 있어 좋다. 평범한 파스타 말고 일본에서만 맛볼 수 있는 일본풍(와후) 파스타를 원한다면 전철로 한 정거장 더 가면 만날 수 있는 구단시타 역의 '피에몬'을 추천한다. 일본풍 파스타의 신세계를 경험할 수 있다.

1 젓가락 받침 하나도 너무 귀여워 발길을 멈추게 된다. **2** 해 질 무렵이 예쁜 카나루 카페의 야외 테라스. **3** 카나루 카페 입구. **4** 구단시타의 파스타 가게 피에몬. 점심시간이면 길게 줄을 선다. 토마토소스 파스타도 좋지만 명란파스타 맛이 일품이다. 향에 약하지 않다면 '시소'라고 부르는 차조기잎 파스타를 먹어보는 것도 좋겠다.

4
旨いパスタ茹であげてます
4-4
食券をお買い

Kawagoe

가와고에 川越

Information

세부西武선 혼카와고에本川越 역 동쪽 출구 도보 13분

사이타마埼玉현 가와고에川越시

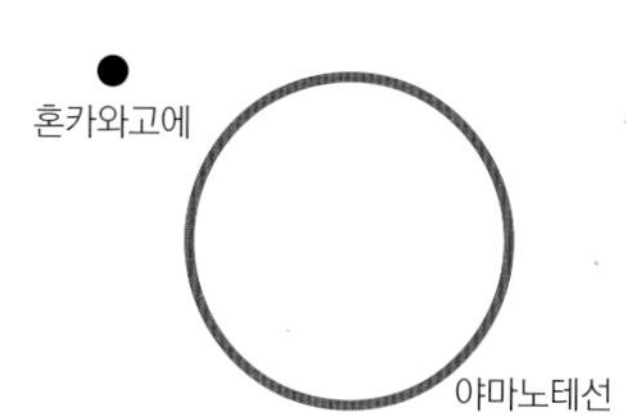

Best Spot

도키노카네 시계탑

혼카와고에 本川越 역 동쪽 출구 도보 13분

구라즈쿠리 1번가

혼카와고에 本川越 역 동쪽 출구 도보 13분

과자 거리

혼카와고에 本川越 역 동쪽 출구 렌자쿠초連雀町 방향 도보 16분

감탄사가 절로 나오는 전통의 아름다움

수도권에서 전통미를 자랑하는 곳을 꼽으라면 첫 번째가 가와고에가 아닐까 한다. '작은 에도'라는 뜻에서 '고에도'라고도 부르는 이곳은 마을에 들어서자마자 '내가 정말 좋은 곳에 왔구나' 하고 감격하게 된다. 도회적 세련미보다 시간의 자취, 시대의 기록이 고스란히 남아 있어 비록 상업화되었다 해도 여전한 에도의 정취에 마음이 설렌다.

명치26(1893)년에 큰 화재로 마을의 모든 것을 잃은 뒤, 긴 세월 튼튼하도록 다시 설립된 구라즈쿠리 1번가 거리를 따라 걷기만 해도 먹을거리와 구경거리가 죽 이어진다. 도쿄 도심에서는 구경도 못할 일본 장인의 칼 가게, 전통 인형, 오글오글한 전통 천으로 만든 치리멘ちりめん 용품들을 이곳에서는 쉽게 접할 수 있다.

도키노카네(시간의 종)라는 시계탑은 가와고에의 랜드마크다. 낮은 건물 사이에 우뚝 솟은 종루가 눈에 잘 띈다. 탑이 조성된 것은 약 400년 전이라고 알려져 있는데, 이후 몇 차례의 화재로 소실되었고, 에도시대에 재건을 거치면서 1894년에 지금의 모양으로 완성되었다. 옛날에 지역 마을이 불에 타 쑥대밭이 되었을 때 상인들이 본인들 가게는 돌보지 않고 시계탑을 먼저 고쳤다고 전해질 만큼 가와고에 사람들이 아끼는 건축물이다. 가와고에시 지정 유형문화재.

연중무휴로 운영되는 가와고에 역사박물관(http://www.kawagoe-rekishi.com/)에서 닌자의 무기, 무사들의 갑옷이나 투구 등을 구경할 수도 있고, 내친 김에 기모노 렌탈 살롱(비비안美々庵, 간다かんだ 등)에서 마음에 드는 기모노까지 골라 입으면 순식간에 에도인으로 변신! 과자 거리인 가시야 요코초菓子屋横丁에서 파는 전통과자들은 기막히게 맛있다 할 만큼은 아닐지 모르니 '체험' 정도의 의미로 생각하시길.

1 곳곳에 기모노 렌탈 숍이 보인다. 비용은 보통 2,000엔 이상이다. **2** 길거리 간식을 먹는 즐거움도 빼놓을 수 없다. 간장맛 단고와 자색 고구마 아이스크림. **3** 도키노카네(시간의 종) 시계탑. **4** 남자 어린이의 성장과 출세를 기원하는 잉어깃발이 한가득 걸린 거리. 박스 안은 투어용 인력거. 약 30분간 인력거 투어가 가능하다.

4
P

Nakano

나카노 中野

Information

JR 주오소부中央総武선 나카노中野 역
도쿄 나카노中野구

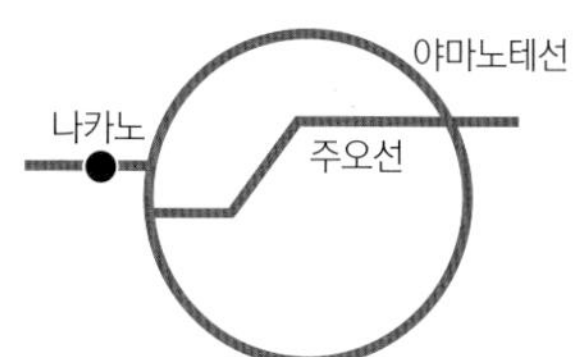

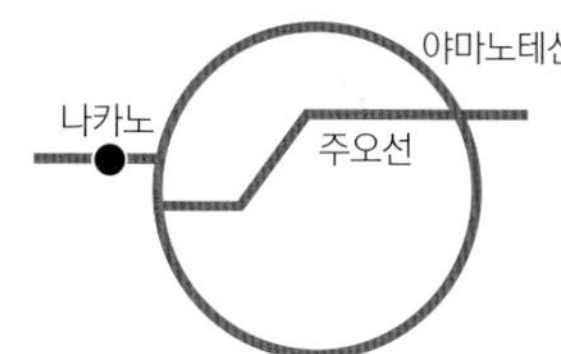

Best Spot

브로드웨이 만다라케

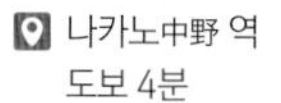
나카노中野 역
도보 4분

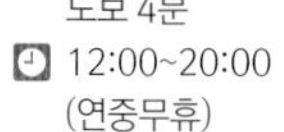
12:00~20:00
(연중무휴)

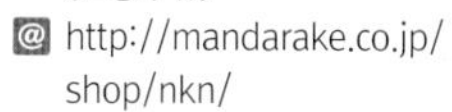
http://mandarake.co.jp/shop/nkn/

1

피규어와 애니메이션을 좋아한다면 꼭 가봐야 할 곳

해마다 도쿄 거주 일본인들에게 '가장 살고 싶은 곳'을 설문조사 하면 늘 순위 안에 꼽히는 곳이 나카노다. 역 주변은 관광이나 쇼핑, 먹거리, 휴식을 취하는 사람 등으로 붐비지만 주택가 골목으로 들어서면 조용하고 쾌적하다.
대지진 이후 새로 지은 역사와 그 주변으로 조성된 작은 센트럴파크 잔디밭은 마치 꿈처럼 평화롭다. 날이 좋을 땐 잔디밭에 삼삼오오 모여 앉아 나른한 오후를 즐기는 사람들이 많이 눈에 띈다. 벚꽃까지 핀 날은 금상첨화.

2

만화책, 만화영화, 캐릭터 상품, 인형, 피규어, 프라모델을 좋아한다면 나카노 역과 이어진 브로드웨이를 따라 만다라케를 찾아가보자. 만화 전문 헌책방인 만큼 볼 만한 중고품이 많아서 비교적 싼값에 만족스러운 쇼핑을 할 수 있다. 헌책이라고 무시하면 큰코다친다. 상태가 아주 좋기 때문이다. 잘 찾으면 희귀본을 손에 넣을 수도 있고, 애니메이션 원화도 가질 수 있다. 시리즈 만화 중에는 책 판형을 작게 줄인 것들이 있어서 귀엽기도 하고 휴대하기에도 좋아서 전부 구입해도 크게 부담이 없다. 어쩌다 몇십 년도 더 지난 장난감을 마주하면 보물이라도 발견한 듯 신기하다. 또한 여자라면 누구나 '우아!' 하고 감탄할 구체관절 인형은 정교한 아름다움에 놀라고, 가격에 한 번 더 놀라게 된다. 정말 비싸다. 데려가고 싶은 마음이 굴뚝같지만 다른 소박한 것을 사는 것으로 쓰린 마음을 달랜다.

나카노 역에서 나와 옆 골목으로 빠지면 또 다른 세상이 열린 것처럼 술집 등이 밀집해 있다. 펄떡이는 싱싱한 해산물을 잡아주는 가게가 있는가 하면, 통째로 꼬치에 꿰어 먹음직스럽게 생선을 구워주는 가게도 있다. 발길 닫는 대로 걷다가 아무데나 들어가도 후회없을 그런 곳이다.

1 나카노 역 주변에는 이런저런 먹을거리도 많다. **2** 만다라케의 상징 간판이 두드러진다. 원하는 만화책을 자유롭게 찾을 수 있다. **3** 책은 대부분 보관 상태가 좋다. **4** 등신대의 메텔 피규어. 메텔은 유명 애니메이션 〈은하철도 999〉의 등장인물이다. **5** 남출구의 '렌가자카 스트리트'. 멋들어진 카페가 많기로 유명하다.

Koenji

고엔지 高円寺

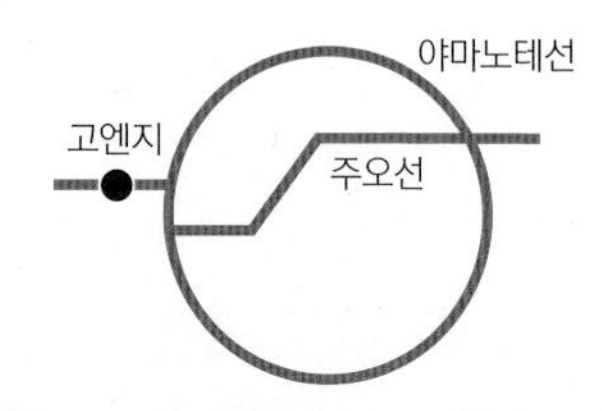

Information

JR 주오소부中央総武선 고엔지高円寺 역
도쿄 스기나미杉並구

Best Spot

빈티지 상가 거리
고엔지高円寺 역 도보 3분

PAL 거리
고엔지高円寺 역 도보 3분

투박하지만 정감 있는 도쿄의 서민 동네

소박한 도쿄를 엿볼 수 있는 곳으로는 나카노에서 멀지 않은 고엔지가 있다. 서민 동네 느낌이 고스란히 살아 있어 여행자가 아닌 거주민으로서 걷는 맛이 있다. 도쿄 중심부 같은 세련미는 없어도 독특하고 개성 있는 가게들이 곳곳에 자리해 다른 세상을 느낄 수 있다.
여타 관광지만큼 유명한 곳은 아니지만, 살아본 사람들은 단연 최고라고 손꼽는 정감 있는 곳이다. 모든 시간이 옛날로 흘러간 듯한 복고풍 거리, 복고풍 카페, 빈티지 숍으로 가득한데, 그야말로 '아, 고엔지!' 하는 느낌이다. 뭐라 딱 꼬집어 설명할 수 없는, 직접 가봐야만 느낄 수 있는 독특함이다. 흔한 물건, 판에 박힌 스타일을 거부하는 실험적인 여행자라면 찾아가보기를 권한다. 젊은 사람들로 가득한 점도 장점이다. 도회적인 세련미도 좋지만 사람 냄새 나는 소박한 여행지를 추구하는 사람에게 적합한 곳.
나카노의 빈티지 숍은 잡지 기사에서도 쉽게 찾을 수 있을 만큼 유명하다. 물건 상태가 좋을 뿐 아니라 스타일도 훌륭해서 나만의 개성을 추구하는 사람이라면 절대 실망하지 않을 것이다. 아무리 둘러봐도 질리지 않는 재미가 있다.
독특한 액세서리가 많은 것도 이곳의 장점이다. 우리나라와는 또 다른 개성적인 액세서리를 비교적 저렴한 값에 구입할 수 있다. 은은한 우윳빛이 예쁜 은세공품, 의외로 번쩍번쩍 화려하기 이를 데 없는 커다란 포인트 액세서리, 집에 꼭 사 가고 싶은 깜찍한 목각 인형 등 구경하는 데 모든 체력을 불사르고 싶을 정도다. 하지만 바쁠수록 천천히, 이럴 땐 잠시 카페에 들러 숨을 고른다.

1 나카노 역 남쪽 출구에 있는 욘초메 카페. 우아하고 앤티크한 내부 인테리어를 현지 사람들은 '멋지다, 예쁘다!'라고 감탄한다. 영화 촬영지로도 자주 사용되는 곳이라고. **2** 관광객, 현지인 할 것 없이 모두 좋아하는 노천 술집.

Akihabara

아키하바라 秋葉原

Information

JR 주오소부中央総武선·JR 야마노테山手선·게이힌도호쿠京浜東北선 아키하바라秋葉原 역 도보 2분

도쿄 지요다千代田구

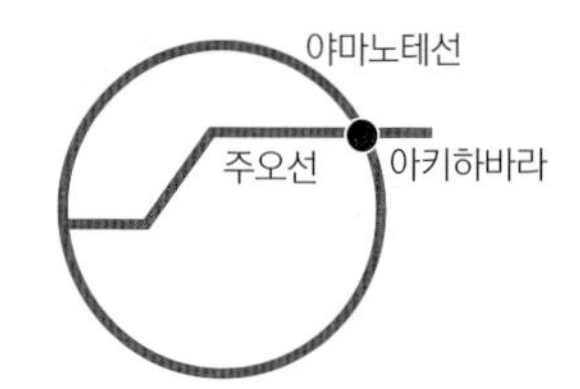

오타쿠의 성지, 메이드 카페로 유명한 곳

더 말할 나위 없이 유명한 곳, 오타쿠의 성지 아키하바라. 전자제품 상가가 밀집해 있던 아키하바라는 이제 게임, 애니메이션, 만화의 메카가 되었다. 예전에는 큰길을 따라 그저 걷기만 해도 코스튬 플레이를 어렵지 않게 볼 수 있었는데, 지금은 거의 코스프레 숍이나 메이드 카페를 홍보하는 아르바이트생이 전부다. 어느 가게든 자유롭게 구경하도록 내버려두는 편이라 이것저것 맘 편히 볼 수 있어 좋지만, 사진 촬영이 금지된 곳도 있다. 게임, 애니메이션 관련 상품을 비롯해 갖가지 캐릭터 인형과 피규어도 헤아릴 수 없을 만큼 많다. 지금은 보기 어려운 옛날 게임들을 모아놓은 곳도 있어 추억놀이도 가능하다. 가장 유명한 곳이 라디오회관인데 이곳만 둘러보아도 웬만한 구경은 다 할 수 있다. 프라모델과 각종 모형에 눈도 마음도 모두 빼앗기고 말 테니 조심할 것!

걷다 지쳤을 때 망가킷사漫画喫茶가 보인다면 잠시 들르는 것도 휴식을 취하는 데 도움이 된다. 망가킷사는 만화 카페 겸 인터넷 카페를 말하는데 주로 신발을 벗고 쉴 수 있는 구조라 피로가 조금은 해소된다. 요금은 가게마다 차이가 있지만 한 곳을 예로 들면 3시간에 920엔이며, 오픈형 좌석이냐 개인실이냐에 따라 요금 차이를 두기도 한다. 24시간 연중무휴로 운영하는 곳이 많다.

메이드 카페에 들어갔다면 약간은 유치한 메이드와 주인 역할 놀이를 쑥스러워하지 말아야 한다. 가령 메이드가 주인을 길들이듯 음료나 음식을 두고 "맛있어져라~!" 하고 외치게 한다면, 그대로 따라 해야 한다. 다만, 메이드 몸에 조금이라도 손이 닿으면 안 되는 곳도 있으니 주의한다. 기대보다 재미가 크게 없어서 '돈이 아깝다'는 마음이 절로 들지만, 낯선 여행지에서의 색다른 경험이라 여기면 아주 나쁘지만은 않다.

Best Spot

라디오회관

JR 야마노테山手선 전기상가 출구

10:00~20:00
(B1층 11:30~23:00)

@ http://www.akihabara-radiokaikan.co.jp/

1 코스프레 숍의 의상들. 어떤 캐릭터의 의상인지 설명이 붙어 있다. **2** 코스튬을 입고 홍보하는 아르바이트생. **3** 라디오회관의 피규어들.

Tokyo Tower

도쿄타워 東京タワー

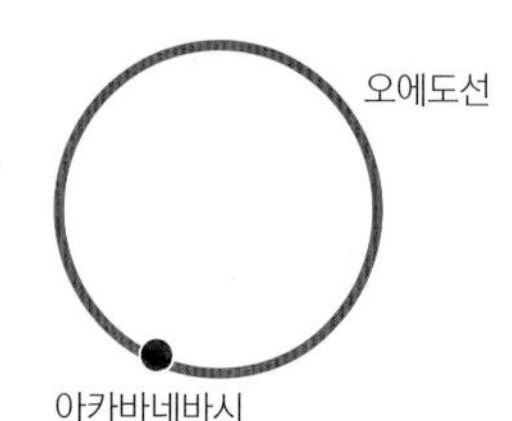

Information

도에이오에도都営大江戸선 아카바네바시赤羽橋 역 아카바네바시 출구 도보 5분
도쿄메트로東京メトロ 히비야日比谷선 가미야초紙屋町 역 2번 출구 도보 7분
도에이미타都営三田선 오나리몬御成門 역 A1 출구 도보 6분
도에이아사쿠사都営浅草선 다이몬大門 역 A6 출구 도보 10분
JR 야마노테山手선 하마마쓰초浜松町 역 북쪽 출구 도보 15분

도쿄 미나토港구

Best Spot

원피스 테마파크
09:00~20:00
@ https://www.tokyotower.co.jp/

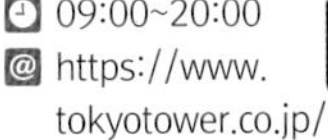

도쿄에 왔다면 놓칠 수 없는 여행지

서울의 상징 중 하나가 서울타워라면, 도쿄의 상징은 도쿄타워라고 할 수 있겠다. 파리의 에펠탑을 모방해 만들었기 때문에 모양도 색도 거의 비슷한데, 원래는 방송용 수신탑이었다. 높이 333미터로 도쿄 시내를 조망하기에 적합하며, 멀리 후지산, 오다이바 레인보우브리지까지 바라다 보인다. 하지만 도쿄타워 하면 뭐니 뭐니 해도 불을 밝힌 아름다운 야경이 아닐까. 특히 롯폰기 힐즈 전망대에서 바라보는 도쿄타워의 모습에는 감탄이 절로 나온다.

1층은 안내소와 티켓 판매소, 수족관, 레스토랑, 카페 등이 있고, 2층은 안내소를 비롯해 카페, 아이스크림 가게, 국수집, 덮밥집, 버거 가게, 푸드 코트, 기념품 가게 등이 자리하고 있다.

탑에는 별 관심이 없지만 만화《원피스》를 좋아하는 사람이라면 4층과 5층에 자리한 상설 원피스 테마파크를 놓칠 수 없다. 멤버별 어트랙션으로 게임을 직접 해볼 수 있고, 포토존이 많아서 기념촬영을 하는 맛도 쏠쏠하다. 특히 360도 회전극장은 누구나 좋아하므로 꼭 들러보길 권한다. 사소한 것 하나에도 아이디어를 가미하는 일본답게 화장실조차 원피스 팬을 고려한 재미있는 인테리어로 꾸며져 있어 소소한 재미를 선사한다. 표는 한국에서 미리 예매하고 가는 여행객이 꽤 있다. 실제 입장권은 3층의 매표소에서 교환해야 한다.

라이브쇼를 구경하는 것도 의외로 괜찮다. 사람이 직접 원피스 원작을 주제로 무대에서 연기를 하는데, 유치할 것 같은 예상과 달리 어른이 봐도 재미있다. 요금은 별도.

1 낮에 보는 도쿄타워의 모습. **2** 나미, 우솝, 루피 등과 사진 찍기 좋은 곳. **3** 원피스 굿즈 숍.

Tsukiji Market

쓰키지 시장 築地市場

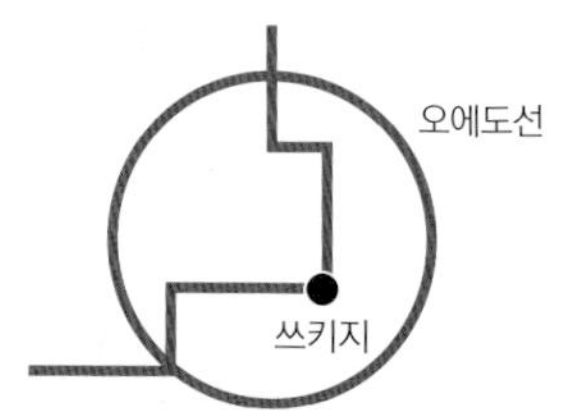

Information

도쿄메트로東京メトロ 히비야日比谷선 쓰키지築地 역

도쿄 주오中央구

Best Spot

장내시장

🕘 09:00~14:00 (일요일·공휴일·일부 수요일 휴무)

@ http://www.tsukiji.or.jp/

신선한 해산물과 초밥을 배불리 먹는 맛 여행

산더미처럼 쌓여 있는 물고기에 입이 떡 벌어졌다가도 지천으로 널린 신선한 해산물로 배 두들길 수 있어 즐거운 곳. 쓰키지 시장은 일본 최대의 수산시장으로 크게 장내시장과 장외시장으로 나누어볼 수 있다. 새벽 경매가 열리는 장내시장의 볼거리는 누가 뭐래도 줄줄이 누워 있는 매대 위의 참치들이다. 명색이 물고기인데도 이렇게 큰가 싶어 놀라고, 이토록 많은 수의 참치를 잡아들인다는 점에도 놀라게 된다.

장외시장(쓰키지우오가시)으로 나오면 갖가지 먹을거리가 연기와 냄새를 풍겨 식욕을 돋운다. 즉석에서 구워주는 참치 꼬치, 고래 꼬치, 가재 구이, 가리비 구이 등을 비롯해 포장용기에 몇 개씩 담아 파는 초밥들을 재료별로 골라 먹다 보면 부른 배를 주체하기 어렵게 된다. 두툼한 참치 초밥이 1팩에 1,000엔 선이고, 신선한 해물 덮밥도 1,000엔 정도에 살 수 있다.

1935년 시장이 들어선 이래 현지인과 관광객의 사랑을 받았던 오랜 역사의 쓰키지 시장은 이제 변화를 앞두고 있다. 2018년 여름 이후면 도요스로 옮겨가고, 쓰키지는 음식 테마파크로 사용하게 된다는데 어쩐지 좀 아쉽다. 여기저기 호객 소리로 소란하고, 그래서 도쿄답지 않은 시끌시끌한 분위기를 가진 곳, 그 어느 장소보다 인간적인 시장이 곧 사라진다니…. 하지만 그 거리에 무엇이 남을지는 궁금하다. 어쩌면 전보다 더 재미있는 거리로 발전할지도 모르니, 기대감을 갖고 두고 보는 일도 나쁘지 않다. 새로 조성하는 시장에 대해서도 훗날의 방문을 기약해 본다.

1 장외시장 중 쓰키지 이전 후에도 영업을 이어갈 '쓰키지우오가시'. 60여 개의 작은 가게가 터를 잡았다. **2** 쓰키지의 장내시장. 우리네 수산시장 모습과 닮았다.

Tokyo Disneyland

도쿄 디즈니랜드 東京ディズニーランド

Information

게이요京葉선 마이하마舞浜 역 도보 13분
도쿄디즈니랜드·스테이션
東京ディズニーランド・ステーション 역 도보 9분

지바千葉현 우라야스浦安시

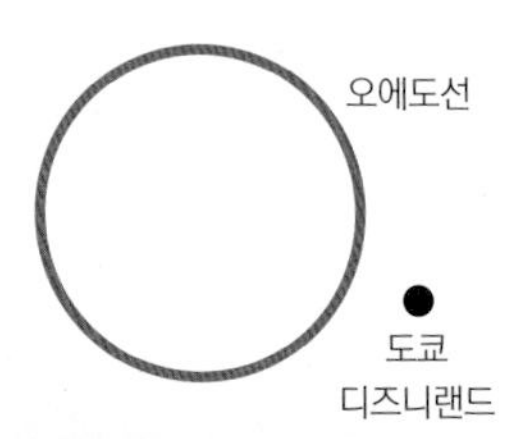

Best Spot

퍼레이드 · 신데렐라 성

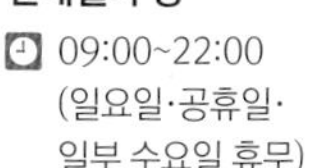

09:00~22:00 (일요일·공휴일·일부 수요일 휴무)

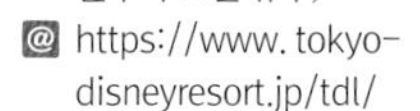

@ https://www.tokyo-disneyresort.jp/tdl/

다양한 볼거리와 어트랙션 체험에 온몸이 짜릿짜릿!

도쿄 디즈니랜드는 각기 다른 7개의 테마로 나뉘어 있는데, 이를 통틀어 '테마랜드'라고 한다. 보기만 하는 곳과 어트랙션을 체험하는 곳이 달리 있으니 목적에 따라 선택하면 된다. 월드 바자는 물건 파는 곳이 많고, 어드벤처 랜드는 해적과 정글 등을 주요 테마로 한다. 웨스턴 랜드는 미국 서부 지역을 재현한 곳이며, 아메리카 강이 대부분을 차지한다. 그 유명한 신데렐라 성이 있는 곳은 판타지 랜드인데, 신데렐라, 피노키오, 백설공주, 곰돌이 푸, 이상한 나라의 앨리스 등 친숙한 동화 나라의 어트랙션이 이곳에 있다. 미키마우스, 도널드덕이 춤추고 겨울왕국의 등장인물들이 사실적인 분장을 하고 퍼레이드를 펼친다. 크리터 컨트리에는 보트형 어트랙션이, 툰 타운에는 미키마우스를 만날 수 있는 어트랙션이 있어 아이들에게 인기가 높다. 투머로우 랜드는 미래 세계를 테마로 잡았으나 미래 기술을 보여주기에는 좀 한계가 있어 보인다. 볼거리보다 신나는 어트랙션 체험을 주로 하고 싶다면 디즈니시를 이용하는 것이 좋다.

디즈니랜드나 디즈니시 모두 굉장히 넓어서 도보로 이동하는 거리가 상당하다. 미리 체력 안배를 하는 것이 좋다. 게다가 언제나 대기 줄이 길고 만원이다. 기다림이 필수이니 어느 정도는 각오가 필요하다. 특히 디즈니시의 인기 어트랙션인 토이스토리 마니아, 인디애나 존스 등이 경쟁이 치열하다. 기다림이 싫다면 입장 시간을 예약하는 '패스트 패스'를 이용하는 것도 좋은데, 어플 등을 통해 미리 이용 방법을 알아놓아야 편하다. 어트랙션 입구 발권기에서 발급한다.

1 밤낮을 가리지 않고 볼거리 중 최고는 신데렐라 성과 퍼레이드.

Secret Place 빠지면 서운한 곳

진잔소 椿山荘

에도시대의 향기

지금은 호텔 및 연회 장소로 사용되고 있는 진잔소는 원래 에도시대 명문가의 대저택이었다. 약 2만 평의 드넓은 정원을 보유한 이곳은 예부터 동백꽃 자생지로 이름을 날린 아름다운 곳이다. 계절마다 모습을 바꾸고 각종 식물과 꽃들이 만발하는데, 걸음이 닿는 곳마다 때론 숲이 되고 때론 앞마당이 되고 때론 폭포수가 되어준다.

결혼식이 많이 열리는 곳이어서 우리와는 또 다른 일본 신랑 신부의 모습을 심심치 않게 볼 수 있다. JR 야마노테선 메지로역을 이용해도 갈 수 있다.

Information

- 도쿄메트로東京メトロ 유라쿠초有楽町線선 에도가와바시江戸川橋 역 1a 출구 도보 7분
- 도쿄 분쿄文京구
- 09:00~20:00
- https://hotel-chinzanso-tokyo.jp/

신주쿠 교엔 新宿御苑

도심의 오아시스

일본 전통 마당뿐 아니라 서양 여러 나라의 정원을 감상할 수 있는 신주쿠의 대표적인 공원. 원래는 에도시대 막부의 가신 나이토 가문의 소유지였는데 왕실 정원에 편입되었다가 1945년 이후에 시민의 공원이 되었다. 복잡한 도심 속 오아시스 같은 곳으로, 봄이면 벚꽃이 만발하여 더 좋다. 플라타너스 나무가 죽 늘어선 프랑스식 정원이 특히 아름답기로 유명하고, 일본에서는 드문 풍경식 정원의 형태로 조성되어 있다. 신카이 마코토 감독의 일본 애니메이션 〈언어의 정원〉 배경지이기도 하다. 신주쿠 역 남쪽 출구에서 도보로 10분이면 갈 수 있다. 성인 기준 200엔의 입장료를 준비해야 한다.

Information

- 도쿄메트로東京メトロ 마루노우치丸の内선 신주쿠교엔마에新宿御苑前 역 1번 출구 도보 5분
- 도쿄 신주쿠新宿구
- 09:00~16:00(월요일 휴무)
- http://fng.or.jp/shinjuku/

우에노 공원 上野公園

친근한, 너무나도 친근한

도쿄에서 한국 사람에게 가장 친숙한 공원이 있다면 바로 우에노 공원이 아닐까. 동물원도 있고, 국립과학박물관, 도쿄국립박물관 등도 있어서 꼭 한 번은 들르게 되는 곳이다. 도쿄를 대표하는 공원이라 해도 과언이 아니다. JR 야마노테선 우에노 역에 내리면 바로 공원 입구로 이어진다. 이곳 역시 봄철 벚꽃 명소로 절대 빠지지 않는 곳이다. 공원에서 우에노 역 방향으로 약 7~8분 거리에 아메요코 시장이 있으니 꼭 들러보시길.

Information

- JR 야마노테山手·게이힌도호쿠京浜東北선 우에노上野 역 도보 2분
- 도쿄 다이토台東구
- 상시 개방
- https://www.tokyo-park.or.jp/park/format/index038.html

도쿄돔시티 점프숍 Jump Shop

만화 속으로 풍덩!

도쿄돔은 가수 비와 샤이니 등이 콘서트를 했던 곳으로, 한 번 쯤은 들어봤을 것이다. 일본 최초의 돔 구장이기도 한 이곳은 프로야구팀 요미우리자이언츠의 홈구장으로 주로 야구 경기가 열리는데, 경기 외에 다른 스포츠 경기나 가수의 콘서트, 기타 전시 공간으로도 사용된다. 돔 구장의 화려한 외관을 구경하는 것만으로도 의미 있지만 여행자에게 인기를 끄는 곳은 역시 놀이기구를 갖춘 도쿄돔시티다. 그중에서도 특히 만화 팬들을 위한 점프숍에서는《슬램덩크》《하이큐》《원피스》《나루토》등의 원화 카피본과 굿즈 등을 실컷 볼 수 있어 좋다.

Information

- JR 주오소부中央総武선 동쪽 출구 도보 3분 / 도에이지하철都営地下鉄 미타三田선 스이도바시水道橋 역 A5 출구 도보 1분
- 도쿄 분쿄文京구
- 10:30~19:00(평일), 10:00~19:00(토·일)(연중무휴)
- http://www.shonenjump.com/j/jumpshop/

사람 크기의 피규어와 함께 사진을 찍으면 만화 속으로 내가 쏘옥 들어간 느낌이 든다.

Shibuya

Ebisu

Daikanyama

Roppongi Hills

Asakusa

Odaiba

Enoshima

Yokohama

Shimokitazawa

Ryogoku

A Walk In Tokyo

Jimbocho

Kagurazaka

Kudanshita

Kawagoe

Nakano

Koenji

Akihabara

Tokyo Tower

Tsukiji

Tokyo Disneyland

Tasty Food
In Tokyo

몬자야키 もんじゃ焼き

에도 노렌 江戸NOREN
내 '모헤지 もへじ**'**

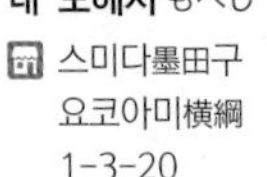

스미다墨田구 요코아미横綱 1-3-20

JR 소부혼総武本선 료고쿠両国 역 서쪽 출구 직결

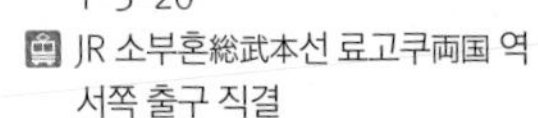

11:00~23:00(연중무휴)

좋아하는 재료를 여러 가지 고른 다음 철판에 부쳐서 먹는 두툼한 일본식 부침개 오코노미야키는 이제 우리에게 익숙한 음식이 된 듯하다. 그런데 스타일은 비슷하지만 좀 더 걸쭉한 몬자야키는 생소할지도 모르겠다. 오징어나 새우 같은 해물, 양배추나 숙주 등의 채소, 돼지고기, 명란, 달걀 등 선호하는 재료를 고르는 것까지는 같은데, 물기가 좀 더 많아서 떠먹어야 한다. 이게 참 독특하고 재미있다. 철판에 눌어붙을 때까지 오래도록 익히면서 수다도 더 떨고 느긋하게 즐기는 음식이다. 눌어붙은 재료의 맛 또한 고소하다.

오코노미야키처럼 몬자야키에도 김치가 들어가는 메뉴가 있는데 그런 대로 다른 재료와 잘 어울린다. 직원에게 부탁하면 구워주기도 하므로 굽는 데 자신이 없다면 '야이테 모라에마스까?(구워주실래요?)'라고 부탁해보자. 가격은 2,280엔.

1 료고쿠 에도 노렌의 몬자야키집 '모헤지'는 스모경기장이 자리한 지역 특색을 반영한 내부 인테리어가 눈길을 끈다.
2 주문한 재료가 그릇에 담겨 나온다.
3 잘 구운 몬자야키를 자그마한 주걱으로 떠먹는다.

우동 うどん

도쿄에 갔는데 우동을 먹지 않는다면 섭섭하다. 무난하고 흔한 스타일보다 현지인 느낌을 살리고 싶은 여행자라면 조금 색다른 우동을 먹어보자. 짬뽕우동, 크림우동, 안카케우동을 비롯해 국물 없이 건더기만 면에 얹어서 간장을 뿌려 먹는 가마아게우동은 우리나라에서 흔히 볼 수 없는 메뉴인데 재료들이 푸짐해서 면과 따로 먹어도 요리 같은 느낌이 난다. 카레우동은 묽은 카레국물에 우동을 말아 먹는데, 단맛이 좀 강하고 호불호가 갈리는 편. 튀김을 밥에 얹어 먹는 덴동 정식은 재료 자체로도 맛있고 배가 든든해서 좋다. 텁텁하지 않은 맛을 원한다면 가벼운 미역(와카메)우동도 좋다. 우동 맛이 뭔가 심심하다 싶을 때는 테이블마다 놓인 '시치미토가라시'를 뿌려 먹는다. '시치미'는 7가지 맛이라는 뜻이고, '토가라시'는 고추다. 고운 고춧가루에 6가지의 향신료를 섞은 양념가루로 크게 맵지 않고 밍밍한 맛을 보완해준다. 가격은 500~960엔.

스이잔 水山 **우동**

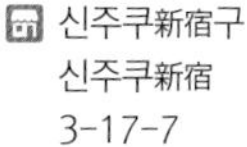

신주쿠新宿구 신주쿠新宿 3-17-7

JR 신주쿠新宿 역 기노쿠니야紀伊国屋 서점 지하

11:00~22:00(건물 휴관일은 휴무)

1 실내가 비교적 아담해서 바로 들어가지 못하고 기다리는 경우도 있다.
2 미역을 주로 얹은 와카메(미역)우동. 국물이 개운하다.

야미쓰키·야미야미 커리 やみつきカリー·ヤミヤミカリー

야미쓰키
やみつきカリー

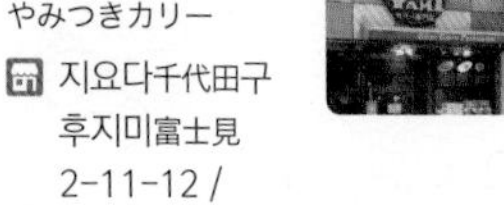

지요다千代田구 후지미富士見 2-11-12 /
JR 주오소부中央総武선 이다바시飯田橋 역 서쪽 출구 도보 2분
11:30~23:00(연중무휴)

야미야미 ヤミヤミカリー

나카노中野구 나카노中野 5-50-3
JR 주오소부中央総武선 나카노中野 역 북쪽 출구 도보 6분
11:30~00:30(연중무휴)

일본은 명치시대에 처음으로 영국에서 카레를 받아들였는데 당시에는 카레를 인도 음식이 아니라 영국 음식이라 여겼다. 이후 카레에 밥을 더해 카레라이스로 변화했고 지금과 같은 음식으로 토착화되었다. 사실 일본 카레는 대체로 즉석 카레와 비슷한 후추맛 베이스에 건더기가 조금 있는 것이 특징인데, 야미쓰키 커리는 일본 카레에 대한 편견을 기분 좋게 깨뜨려준다. 전통적인 인도 커리의 깊은 맛에 조화롭지 않아 보이는 재료들을 일본식으로 마무리한다. 토마토 1개를 통째로 넣거나, 오쿠라, 아스파라거스, 껍질콩 등을 넣기도 하고, 치즈를 가득 얹어 토치로 겉을 구워주기도 한다. 토핑 재료는 입맛에 맞게 고를 수 있다. 특이하게도 고춧가루를 이용해 매운맛을 조절하는데 추카라中辛는 적당히 맵고, 게키카라激辛는 한국 사람에게도 많이 매운 편이다. 같은 가게이지만 이다바시에서는 '야미쓰키'라는 이름을, 나카노에서는 '야미야미'라는 이름을 쓴다. 가격은 600엔~900엔.

1 '다이치노 메구미, 야사이 커리(대지의 은혜, 야채 커리)'라는 다소 긴 이름의 메뉴. 밥은 접시에 따로 나오며, 향이 강한 고수가 올려진다. 싫은 사람은 골라내고 먹을 것.

오차즈케 お茶漬け

고메라쿠 こめらく

신주쿠新宿구 니시신주쿠 西新宿 1-1 게이오몰 내

JR 신주쿠新宿 역 동쪽 출구 도보 1분 루미네에스토ルミネエスト 7층 / 게이오신京王新線선 신주쿠新宿 역 바로 옆

07:00~23:00(평일), 10:00~23:00(토·일·공휴일) (연중무휴)

오차즈케는 따뜻한 밥에 고명을 몇 가지 얹고 뜨거운 녹차를 부어 간단하게 말아 먹는 음식이다. 집밥의 개념이 있지만 가게에서 먹으면 다양한 고명을 맛볼 수 있어 추천한다. 녹차가 아니라 국물 종류에 말아 먹는 경우도 많은데 통상 모두 '차즈케'라고 부른다.

오차즈케 전문점 고메라쿠는 신주쿠에만 두 군데가 있는데, 하나는 루미네 점이고, 다른 하나는 지하상가 게이오몰 점이다(점포에 따라 메뉴가 살짝 다르다). 세트 메뉴는 소량의 반찬이 2가지 이상 곁들여 나오므로 반찬과 함께 먹는 식습관을 가진 우리와 잘 맞고, 단품은 한 그릇 안에 국밥처럼 여러 가지 재료가 함께 들었으나 부족하지는 않다. 요즘 도쿄는 난데없다 여길 만큼 오차즈케 붐이 일고 있는데, 더 맛있는 오차즈케를 맛볼 기회가 늘어난다는 의미도 되므로 기대해도 좋다. 우리의 곱빼기에 해당하는 '오모리大盛'를 시키면 넉넉하게 먹을 수 있다. 가격은 1,000엔 안팎.

1 치어를 듬뿍 넣은 해물 오차즈케.
2 은은한 불빛의 따듯한 조명이 오차즈케와 잘 어울린다.
3 혼밥하기 좋은 카운터 자리가 있다.

튀김덮밥(덴동) 天丼

신주쿠쓰나하치
新宿つな八

신주쿠新宿구 신주쿠新宿 3-31-8

지하철 마루노우치 地下鉄丸の内선 신주쿠산초메新宿３丁目 역 도보 3분

11:00~22:30(연중무휴·연말연시 제외)

1 평일 점심 메뉴로 덴동을 시키면 덮밥과 샐러드, 차, 된장국이 함께 나온다.
2 새우튀김, 야채튀김, 생선튀김이 속을 든든히 채워준다.

돈부리는 덮밥을 말하는데, 사실 도쿄에서는 흔하디흔한 밥이다. 식당에서 혼자 먹기도 좋고 집에서 해 먹기에도 손쉬운 음식이라 매우 대중적이다. 쇠고기를 얹으면 규동, 돼지고기를 얹으면 부타동, 해산물을 얹으면 가이센동이 된다. 이중에서 덴동은 덴뿌라와 돈부리를 합친, 말하자면 튀김을 얹은 밥인데 튀김옷 위에 뿌려진 소스의 단맛과 짭쪼름한 맛, 튀김의 고소함이 입안에서 풍부하게 어우러진다.

외국인 여행객에게 인기가 많은 데다 잡지에도 여러 번 소개된 '신주쿠쓰나하치'의 덴동은 2,500엔 정도로 꽤 비싸지만 음식의 볼륨으로 보면 돈이 크게 아깝지 않다. 신주쿠에 5개의 점포가 있고, 각각 메뉴 차이가 조금씩 있어서 어느 지점으로 갈지를 미리 정하고 가야 낭패가 없다. '신주쿠 본점'의 경우 덴동은 점심 메뉴로만 제공하므로 점심시간에 맞춰 가야 하고, 신주쿠 서쪽 출구의 '레스토랑 점'은 점심과 저녁 가리지 않고 덴동 메뉴를 먹을 수 있다. 가격은 2,500엔 안팎.

가이센동 海鮮丼

회도 먹고 싶고 밥도 먹고 싶은 사람이 초밥 외에 선택할 수 있는 메뉴가 가이센동이다. 생선회를 얹은 밥이니 우리말로 하면 회덮밥이 되겠지만 우리처럼 채소나 참기름, 초고추장이 없고 채 썬 김과 간장, 와사비 정도가 들어 있다. 덩어리가 크고 양도 많은 참치, 연어, 왕새우, 연어 알, 성게 알 등이 토핑된다. 다만, '이쿠라'라고 하는 연어 알은 마치 보석처럼 빨갛고 투명한 빛깔 덕에 예쁘고 먹음직스러워 보이지만 우리 입맛에는 비리고 별맛이 없을 수 있다. '우니'라고 하는 성게 알과 거의 날달걀에 가까운 '온센다마고温泉卵'도 호불호가 있다. 신주쿠 니시구치 역에서 150미터 거리에 있는 '우온추쇼쿠도魚人食堂'의 가이센동은 아낌없이 듬뿍 얹은 재료의 호화스러움에 눈이 즐겁고, 맛도 특별하다. 가게 입구의 자동판매기에서 식권을 구입한 뒤 직원에게 건네주고 자리에 앉는다. 카운터 자리가 있어서 혼자라도 마음 편하게 방문할 수 있다. 가격은 1,000엔 안팎.

우온추쇼쿠도
魚人食堂

- 신주쿠新宿구 니시신주쿠 西新宿 7-9-14 지하 1층
- JR 신주쿠新宿 역 서쪽 출구 도보 2분
- 11:00~23:00(월요일 휴무)

1 여러 가지 생선을 가이센동 하나로 해결할 수 있다.
2 큼직큼직하게 썰어 듬뿍 얹어주는 참치 살코기에 달걀을 터뜨려 속에 든 밥과 함께 먹는다. 사진은 '우오가시마카나이동(어시장 스타일 덮밥)'.

오키나와 요리 沖縄料理

하이바나 はいばな

시부야渋谷구 에비스미나미 恵比寿南 1-1-3

도쿄메트로東京メトロ 히비야日比谷선 에비스恵比寿 역 도보 1분

18:00~04:00(평일), 17:00~04:00(토), 17:00~23:00(일·공휴일) (연중무휴·연말연시 제외)

고야참푸루ゴーヤーチャンプル(여주와 햄, 달걀을 함께 볶은 요리), 우미부도うみぶどう(포도 모양 해초), 돼지조림角煮(네모로 썬 두툼한 돼지고기를 달콤 짭짤하게 조린 음식), 도후요豆腐よう(치즈 같은 발효 두부)…. '류큐琉球 요리'라고도 하는 생소한 이름의 오키나와 요리들. 그렇지만 맛을 보면 어느새 빠져든다. 독립 왕국이었던 류큐가 오키나와로 복속된 지도 어언 600여 년이 흘렀다. 본토와의 숱한 차별 속에 오키나와 독립을 외치던 사람들이 점차 사라지고, 완전한 일본이 되어 가는 오키나와이지만 아직은 독특한 그들만의 문화를 지니고 있다. 일본 본토 음식과는 달라도 너무 다른 오키나와 요리를 도쿄에서도 즐겨보자.

1 약재로 많이 쓰는 여주는 쓴맛이 강한 채소인데 소금물에 담갔다 씻은 뒤 다른 재료와 함께 볶으면 쓴맛도 덜하고 여름 더위를 이기는 데도 좋다.
2 씹히는 맛이 있는 우미부도. 오키나와 특산품이다.

에비스에 위치한 '하이바나'는 "진짜 맛있다!"라는 말이 저절로 튀어나오는 인기 만점 오키나와 음식점이다. 관광객보다는 현지인이 더 좋아하는 곳으로 가게 내부도 오키나와 전통 분위기를 담뿍 담은 따듯한 분위기라 더 좋다.

우미부도의 '우미'는 바다라는 뜻이고, '부도'는 포도를 의미한다. 음식 모양이 포도를 연상시키는데, 크기가 아주 작아서 앙증맞고 귀엽기까지 하다. 씹었을 때 입안에서 톡톡 터지는 느낌이 독특해서 한 번 먹어보면 그 느낌이 잊히지 않는다.

오키나와식 국수는 제주도의 고기국수처럼 돼지고기 고명을 얹는다. 오키나와의 돼지고기 요리는 장수식품으로 꼽힐 만큼 유명하고 맛도 기막히게 좋다. 오키나와 지역 맥주인 오리온 맥주도 오키나와 음식점에서만 맛볼 수 있다. 단품 요리 당 가격은 대략 500~800엔 정도.

3 오키나와 국수. 두툼한 돼지고기 고명이 특징이다.
4 오키나와 지역 맥주인 오리온 맥주.
5, 6 오키나와 소품들이 아기자기하게 놓여 있다.

햄버그스테이크 ハンバーグ

오토나노 함바그
大人のハンバーグ

- 도시마豊島구 히가시이케부쿠로東池袋 1-3-9
- JR 야마노테山手선 이케부쿠로池袋 역 동쪽 출구 도보 1분 / 도쿄메트로東京メトロ 마루노우치丸ノ内선 이케부쿠로池袋 역 도보 1분
- 11:00~23:00(연중무휴·연말연시 제외)

일본 경양식의 대표격인 햄버그스테이크(일본식 발음은 '함바그'). 원래는 독일 음식이지만 일본식으로 변형되어 지금의 함바그가 되었다. 흑우 고기를 100퍼센트 사용한다는 오토나노 함바그는 잘랐을 때 육즙도 풍부하지만, 그 위에 얹은 커다란 반숙 달걀프라이가 흘러내리면서 저절로 군침이 돌게 만든다. 런치 메뉴는 크기별로 선택할 수 있는데 S사이즈는 130g으로 1,200엔이고, M사이즈는 180g으로 1,500엔, L사이즈는 260g으로 2,100엔이다. 세트를 주문하면 수프와 간단한 샐러드, 밥이 함께 나온다. 수프나 샐러드는 평범함 그 자체이니 크게 기대하지 않는 게 좋을 듯.

만약 이동 시간도 애매하고, 마침 패밀리레스토랑 조나상ジョナサン, 데니즈デニーズ, 가스토ガスト, 로얄호스트ローヤルホスト 등이 눈에 띈다면 그런 곳의 햄버그스테이크도 나쁘지 않다. 패밀리 레스토랑은 여러 곳에 지점이 있다.

1 오토나노 함바그의 특징은 고기를 다 가리고 마는 커다란 달걀 프라이다.
2 가게 입구의 간판 형태가 입체적이라 특이하다.

꼬치 串焼き

꼬치가 별건가 싶을 수도 있지만 일본 꼬치는 경험해보는 게 좋다. 닭고기뿐 아니라 다양한 식재료를 직화로 구워내 그야말로 별미다. 꼬치는 일본에서 구시야키라고 한다. '야키토리'는 닭꼬치인데 살코기뿐 아니라 간, 연골, 껍질, 날개, 심장, 똥집, 고기 완자인 쓰쿠네 같은 부위도 포함한다. 이외에 꽈리고추 같이 생겼지만 전혀 맵지 않은 시시토를 비롯해 파, 베이컨, 방울토마토, 삼겹살, 은행 꼬치도 있다. 가게에 따라서는 가지나 마늘, 표고버섯, 단호박, 파프리카 꼬치도 메뉴에 있다. 일본 꼬치는 양념을 듬뿍 발라서 굽는 우리와는 다르게 양념을 최소화해서 구운 뒤 원하는 소스에 찍어 먹는다. 꼬치 하나당 값이 매겨져 있으므로 취향에 따라 골고루 주문해 먹도록 한다. '태양식당'이라는 뜻의 다이요쇼쿠도는 입구가 비닐 문으로 되어 있어 왠지 어렵지 않게(?) 들어가게끔 해준다.

다이요 쇼쿠도
太陽食堂

스기나미杉並구 고엔지미나미 高円寺南 1-6-11
도쿄메트로東京メトロ 마루노우치丸の内선 히가시코엔지東高円寺 역 도보 2분
17:00~24:00(월요일 휴무)

1 매장 안 별도의 공간에서 꼬치를 굽는 모습이 훤히 보인다.
2 닭꼬치, 쓰쿠네 꼬치는 각각 100엔.
3 토마토와 삼겹살구이, 메추리알과 소시지구이 각각 200엔, 150엔.

이자카야 안주

이자카야에 가면 앉자마자 '오토시'라고 해서 전채 요리 같은 것을 내어준다. 공짜라고 생각하기 쉽지만 일본은 거저가 없다. 일종의 자릿세 같은 개념이다.

히야얏코 冷奴

이자카야에서 먹기에 가장 만만한 대표 안주가 아닐까. 차가운 두부에 간장 양념을 얹은 음식인데, 부드러운 것으로 속을 달래고 한잔하는 것도 나쁘지 않겠다. 맛도 우리 입맛에 잘 맞는 편이다.

에다마메 枝豆

요즘은 우리나라에서도 일본식 술집에 가면 많이 주는 껍질째 삶은 풋콩으로, 일본 것은 좀 더 짭짤하고 따듯하다. 현지인들은 손보다 입으로 직접 까서 먹는 편인데 그래야 껍질에 묻은 소금을 같이 먹을 수 있어서다.

에이히레 エイひれ

가오리 지느러미로, 불에 구워 마요네즈에 찍어 먹는다. 그런데 이 마요네즈에 고춧가루를 솔솔 뿌리는 것이 재미있다. 우리가 오징어나 쥐포, 한치를 구워 먹는 것과 비슷하며, 양은 많지 않아서 맛있게 맛보는 정도다.

오신코 おしんこ

가지, 오이, 무 등의 채소를 가볍게 소금에 절인 것인데, 입안을 개운하게 하고 육식과의 균형을 맞출 수 있어 좋다. 우리나라의 백김치와 닮았다. 오신코는 이자카야 안주뿐 아니라 덮밥집의 밑반찬으로도 많이 접할 수 있다.

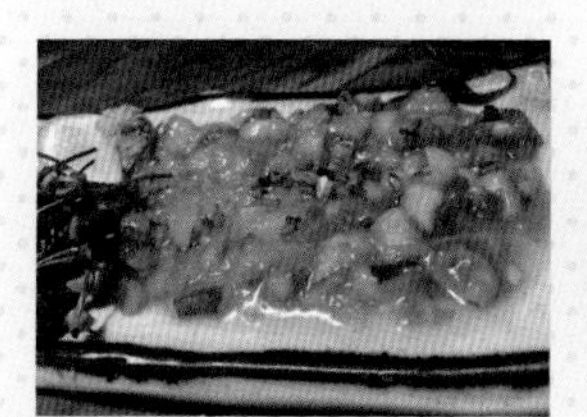

다코와사비 たこわさび

잘게 썬 문어에 와사비 양념을 한 짜지 않은 젓갈 느낌의 안주. 일본 이자카야의 필수 안주로 톡 쏘는 와사비 맛에 먹을수록 빠져든다. 하지만 양이 적어서 젓가락질 몇 번이면 없어진다.

아쓰아게 厚揚げ

두꺼운 두부 튀김으로 겉은 바삭하고 속은 부드럽다. 그러나 그냥 두부다. 크게 자극적이지 않은 순한 맛을 좋아하는 사람에게 알맞은 안주다.

가와에비 川えび

민물새우 튀김. 담백하고 짭조름해서 시원한 맥주와 잘 어울린다. 레몬즙을 짜서 뿌려 먹으면 비린내도 없고 상큼하다.

규스지니코미 牛スジ煮込み

쇠심줄 조림으로, 푹 고았기 때문에 질기지 않으면서 쫄깃함은 살아 있다. 느끼하다 싶으면 고춧가루나 시치미 토가라시(고춧가루를 포함해 7가지 양념 가루를 섞은 것)를 뿌려 먹는다. 양도 적고 헛헛한 스타일이 많은 도쿄에서 이 안주만큼은 속이 든든해서 좋다.

양배추와 다시마 샐러드
キャベツと塩昆布サラダ

일본어로는 캬베쓰토 시오콘부 사라다. 생양배추를 적당한 크기로 찢어 담고 소금을 묻힌 다시마와 고소한 참기름을 끼얹어 자연의 맛을 살린 심플한 안주다. 이걸 돈 주고 먹느냐고 할 수도 있겠지만 희한하게 자꾸 손이 가는 맛이다.

철판만두 鉄板焼き餃子

철판에 갓 구운 만두의 맛은 두고두고 잊지 못할 감동이다. 만두피의 겉은 노릇노릇 바삭한데 자르면 속에서 육즙이 주르륵 흘러내린다. 하나를 시키면 보통 만두 4~5개를 자그마한 1인용 철판에 구워준다. 간장에 찍어 먹는 것은 우리와 마찬가지.

히가와리 런치 日替わりランチ

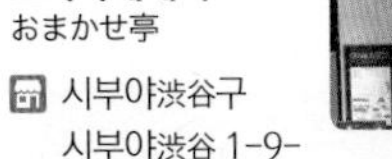

오마카세테이
おまかせ亭

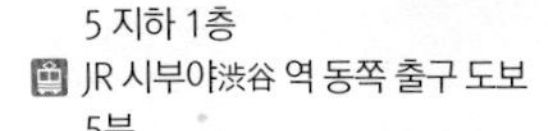

시부야渋谷구 시부야渋谷 1-9-5 지하 1층

JR 시부야渋谷 역 동쪽 출구 도보 5분

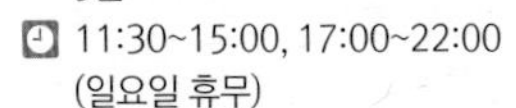

11:30~15:00, 17:00~22:00 (일요일 휴무)

아무거나 먹어도 좋은 날은 히가와리에 도전해보자. 일본의 점심 메뉴에는 정식도 있지만, 매일매일 메뉴가 바뀌는 추천 음식인 '히가와리'도 있다. 히가와리는 그날 들어온 재료에 따라 음식을 정하기 때문에 맛이 보장된다. 무엇을 먹어야 좋을지 선뜻 판단이 안 설 때 현지인이 나에게 추천하는 음식이라 생각하고 즐기면 좋을 것 같다. 후식까지 곁들여 나오기 때문에 대접받는 기분이 들어 더 좋다.

오마카세테이의 런치타임은 11시 30분부터이지만 11시 50분부터 오후 1시 사이에는 근처 회사원들의 방문으로 발 디딜 틈이 없다. 12시에 가도 자리는 이미 포화상태. 기다리는 사람도 워낙 많아서 식사를 느긋하게 즐기기도 어렵다. 오후 1시가 넘어서 방문한다면 좀 나을 수도 있겠다. 그렇게 기다려서라도 먹어볼 만한, 현지인이 극찬하는 맛이다. 값은 2,000엔선.

1 아삭한 양상추에 옅은 드레싱을 뿌린 샐러드.
2 치즈케이크 디저트.
3 일본식 오믈렛. 달걀이 아주 폭신폭신 부드럽다.

맛차 바바로아 抹茶ババロア

기노젠 記の善

신주쿠新宿구 가구라자카 神楽坂 1-12

JR 주오中央선 이다바시飯田橋 역 서쪽 출구 도보 3분 / 도쿄메트로東京メトロ 유라쿠초有楽町선·남보쿠南北선 이다바시飯田橋 역 도보 2분

11:00~20:00, 11:30~18:00 (일·공휴일)(월요일 휴무)

생크림과 단팥을 품은 녹차 아이스크림이다. 쌉싸름한 녹차에 달콤한 팥, 부드러운 크림이 절묘하게 어우러져 맛이 기막히게 좋다. 재료 하나하나를 보면 이게 뭐라고 이렇게 맛이 있을까 싶은 생각도 들지만 한입 물면 행복해진다. 흰 떡이 들어간 안미쓰는 배가 든든하다. 가격은 874엔.

1 매장 인테리어는 깔끔 단순하다. 포장도 가능.
2 가장 유명한 맛차 바바로아. '맛차'는 가루 녹차의 일본어.

페코짱야키 ペコちゃん焼き

후지야의 캐릭터 과자로 붕어빵이나 델리만주처럼 생각하면 된다. 팥앙금을 기본으로 하여 초콜릿, 카스타드 크림, 치즈 크림, 딸기밀크, 망고 크림, 녹차 크림 등 여러 가지 맛이 있다. 페코짱야키는 일본 어디에도 없고 가구라자카가 유일하다. 내용물에 따라 150~200엔까지 가격 차이가 있다.

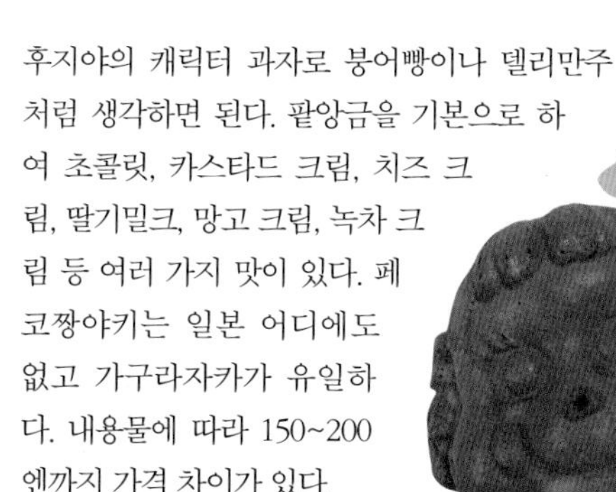

후지야 不二家

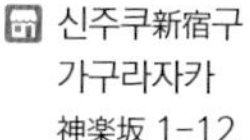

신주쿠新宿구 가구라자카神楽坂 1-12

JR 주오中央선 이다바시飯田橋 역 서쪽 출구 도보 2분 / 도쿄메트로東京メトロ 유라쿠초有楽町선·남보쿠南北선 이다바시飯田橋 역 도보 1분

10:00~21:00(월~목), 10:00~22:00(금), 10:00~20:00 (토·일·공휴일)(연중무휴)

타르트 タルト

블룸스 Bloom's

- 세타가야 世田谷区 오쿠사와奥沢 5-26-2
- 도쿄큐코덴테쓰東京急行電鉄 지유가오카自由が丘 역 남쪽 출구 도보 3분
- 11:00~18:00(월요일 휴무· 대체 휴일인 경우 화요일 휴무· 연말연시 휴무)

1 좁은 매장이지만 분위기는 꽤 좋다.
2 이 집에서 가장 인기 있는 사과그랑블 타르트.

시그니처 메뉴는 얇게 저민 사과 위에 아몬드 크림을 올리고 바삭하게 구운 '사과그랑블' 타르트다. 캐러멜바나나 크라프티, 고르곤졸라 치즈 타르트, 호박과 오렌지와 건포도 타르트 같은 메뉴 이름이 말해주듯 과일과 채소, 또는 치즈를 혼합해 타르트를 만든다. 촉촉하게 물기 머금은 서양배를 한가득 얹은 타르트는 특이할 뿐 아니라 순수한 색감이 일품이다.

몽블랑 케이크 モンブランケーキ

몽블랑 モンブラン

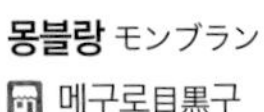

- 메구로目黒구 지유가오카 自由が丘 1-29-3
- 도요코東横선 지유가오카 自由が丘 역 도보 2분
- 10:00~19:00(연중무휴)

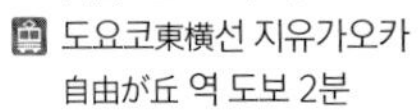

하얀 머랭을 얹어 만년설의 모습을 담은 몽블랑 케이크는 밤 페이스트가 주재료다. 밤의 풍미와 향이 살아 있으며, 단맛은 꽤 강한 편이다. 뻔히 아는 맛인데 안다고 여기는 것이 착각일까 싶을 만큼 자꾸 손이 간다. 지유가오카의 몽블랑은 언제나 줄을 서서 기다려야 하는 가게다. 가격은 622엔.

빙수 かき氷

이런저런 토핑을 잔뜩 얹은 한국의 빙수와 달리 일본 빙수는 대부분 얼음 가루 위에 아무 재료 없이 시럽만 뿌린다. 사실 특별할 것 없는 맛이긴 한데, 도쿄에서 가장 맛있다고 소문난 빙수 가게는 맛의 차원이 다르다. 유자요구르트, 딸기요구르트, 가루녹차, 딸기우유, 바닐라우유 등은 누가 먹어도 무난하게 맛있고, 그날그날 달라지는 시럽을 뿌린 KKS(쿄우노 키마구레 시럽)라는 메뉴는 특히 더 맛있다. 자색 고구마, 밤 등의 시럽은 현지인이 엄지를 치켜 올리는 대표 시럽이다. 찾아가기 불편한 곳에 있지만 맛이 좋아 용서가 되는 가게. 시럽에 토핑을 추가하려면 밀크는 50엔, 단팥은 100엔이 더 든다.

와키친 칸나
和kitchen かんな

세타가야 世田谷구 시모우마下馬 2-43-11 2층
도큐덴엔도시東急田園都市선 산겐자야三軒茶屋 역 도보 12분
11:00~19:00(수요일 휴무)

1 마스카르포네유즈 요구르트. '유즈'는 '유자'를 말한다.

과일 파르페 フルーツパフェフ

도쿄에서는 제철 과일을 이용한 파르페가 인기다. 딸기는 사계절 기본이고 봄철에는 망고 파르페가, 4~5월에는 한정 비파나무 열매 파르페(비파 파르페)가 흔히 접할 수 없는 재료여서 신선함을 준다. '다카노 후르츠 파라'는 120년 전통의 과일 전문점에서 시작되었다. 매장 인테리어는 심플하고 깨끗하며 테이블 수가 넉넉하다. 현지인보다 외국인이 더 많이 찾는 편이다. 가격은 1,404~1,680엔 정도이며 라인으로 QR코드 추가가 가능하다.

다카노 후르츠 파라(본점)
タカノフルーツパーラー

신주쿠新宿구 신주쿠新宿 3-26-11 5층
JR 야마노테山手선 신주쿠新宿 역 동쪽 출구 도보 1분
11:00~21:00(휴일은 그때그때 공지)

푸딩 プリン

보들보들 매끄럽게 넘어가는 달콤 고소한 푸딩이 달걀 용기 속에 담겨 있어 보는 재미와 먹는 재미를 선사한다. 원래는 품질 좋은 왕란을 취급하는 달걀 전문점이었는데, 달걀보다 푸딩이 현지 미디어에 소개되면서 인기가 더 높아졌다. 기본 푸딩 외에 초콜릿, 가루녹차 맛이 있고, 철마다 재료를 바꾸는 계절 푸딩이 있다. 플레인 푸딩은 268엔.

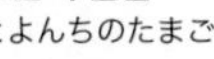

도욘치 달걀
とよんちのたまご

시모키타자와 점

세타가야世田谷구 기타자와北沢 2-37-16
오다큐小田急선 시모키타자와下北沢 역 도보 5분
10:00~20:00(연중무휴)

고엔지 점

스기나미杉並구 고엔지미나미高円寺南 3-45-15
JR 주오中央선 고엔지高円寺 역 도보 4분
11:00~20:00

1 방심하고 들고 다니다가 푸딩 속이 좀 흔들릴 수 있다.

베이비 카스텔라 ベビーカステラ

평범한 카스텔라는 가라! 한입에 쏙 들어오는 크기, 탁구공처럼 동글동글한 모양에 의구심을 품게 되지만 폭신폭신 부드럽고 달콤한 것이 카스텔라가 분명하다. 따듯할 때는 물론이고 식어도 맛있다. 퐁듀처럼 초콜릿에 찍어 먹거나 컵에 담아 소프트크림을 얹어 먹기도 한다. 오사카 지방의 한 포장마차에서 시작되어 지금은 도쿄 시모키타자와에 자리 잡았다.

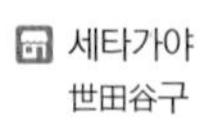

아오이 렌가
青いレンガ

세타가야世田谷구 기타자와北沢 2-25-4
오다큐小田急선 시모키타자와下北沢 역 북쪽 출구 도보 0분
11:00~20:00(화요일 휴무)

축제 때 볼 수 있는 포장마차 간식

마침 갔는데 축제 현장이라면 그냥 지나칠 수 없다. 죽 늘어선 포장마차 음식들은 보기만 해도 행복해진다. 알록달록 예쁘고 먹음직스러운데, 어째 이걸 먹어, 말아?

링고아메(사과사탕) りんごあめ

사과 전체에 끈적하게 설탕물을 발라 꼬치에 꽂아 파는데 꽤 예뻐서 눈길이 간다. 원래는 미국 사탕이지만 일본 축제에서 빠지는 않는 간식이 되었다. 딸기 버전도 있고 우메보시(매실 절임) 버전도 있다. 우메보시는 겉에 아무리 단맛을 입혀도 매우 시다.

초코바나나 チョコバナナ

바나나에 초콜릿 시럽을 입혀 꼬치로 판다. 맛은 단순, 짐작한 맛 그대로다.

옥수수구이 焼きとうもろこし

일본 옥수수는 찰기가 없는 대신 아주 달다. 베어 물면 몰캉하면서 달콤한 즙이 터져 나온다.

단고 団子

경단 꼬치. 달기만 할 것 같지만 가장 흔한 단고는 간장 양념을 발라 의외로 짠맛이다. 콩고물이나 앙금을 입힌 것도 있다.

야키소바 焼きそば

우리말로 하면 '볶음국수' 정도 되겠다. 간장맛 양념에 양배추와 국수를 볶은 음식인데, 달콤 짭짤해서 우리 입맛에 잘 맞는다. 고명으로 얹어주는 꽃분홍 채소는 생강이다.

Shibuya

Ebisu

Daikanyama

Roppongi Hills

Asakusa

Odaiba

Enoshima

Yokohama

Shimokitazawa

Ryogoku

A Walk In Tokyo

Jimbocho

Kagurazaka

Kudanshita

Kawagoe

Nakano

Koenji

Akihabara

Tokyo Tower

Tsukiji

Tokyo Disneyland

Shopping
In Tokyo

돈키호테 ドンキホテ

신주쿠 동남구 점
☎ 03-5367-9611
🕘 24시간

신주쿠 가부키초 점
☎ 03-5291-9211
🕘 24시간

나카노 점
☎ 03-5318-2811
🕘 10:00~05:00

아키하바라 점
☎ 03-5298-5411
🕘 09:00~05:00
@ http://www.donki.com/

1 커다란 간판이 눈에 확 띈다.
2 돈키호테 아사쿠사점.
3 싸다는 점만 강조한 디스플레이.

대형 생활용품 잡화점으로 24시간 영업에 연중무휴라 언제든지 편리하게 쇼핑할 수 있다. 과자나 음료 같은 먹거리에서 가공식품, 장난감, 명품 가방이나 시계 같은 고가의 물건, 면세품, 화장품, 의류, 운동 기구, 크지 않은 가구류까지 없는 게 없다. 게다가 값도 싸다. 현지인 스스로 '게키야스激安(염가, 초저가)' 가게라 칭한다. 파티용품이나 아이디어 상품을 구경하면서 웃다 보면 시간이 훌쩍 가고, 아무렇지 않게 진열된 성인용품에 잠깐 눈이 팔리기도 한다.

다만, 상품 진열이 체계적이거나 다듬어진 모양새는 아니고 두서없이 대충대충 섞여 있어 마치 창고에 들어간 느낌을 준다. 그것이 편안한 느낌이기도 한 반면 물건을 쉽게 찾을 수 없어 불편을 초래하기도 한다. 어쨌든 일본 여행에서 사야 하는 웬만한 물건은 거의 살 수 있다고 해도 과언은 아니다. 혹여 고급스러움을 추구한다면 적합하지는 않은 곳.

도큐핸즈 東急ハンズ

남녀노소가 즐거운 도큐핸즈는 인간이 살아가는 데 필요한 모든 것을 취급하는 쇼핑몰이다. 백화점에 비해 재치 있는 아이디어 상품과 일본적인 상품이 더 많고 값도 약간 싸다. 인테리어, 문구, 주방용품, DIY 제품 등이 망라되어 있다. 여러 체인점 가운데, 시부야 점이 가장 크고 물건도 많다. 이곳에서는 우리나라에서 볼 수 없는 특색 있는 상품을 사는 게 좋고, 모든 층을 다 둘러보려면 시간도 많이 걸리고 몸도 피곤하니 목적을 갖고 쇼핑하는 게 좋다.

시부야 점

☎ 03-5489-5111

🕘 10:00~21:00 (연중무휴)

신주쿠 점

☎ 03-5361-3111

🕘 10:00~21:00(연중무휴)

@ https://www.tokyu-hands.co.jp/

1 떠나고 싶은 충동을 불러일으키는 도큐핸즈의 캐리어와 여행용품.

로프트 ロフト

모던한 생활용품에 관심이 있다면 가볼 만한 곳. 도큐핸즈와 콘셉트가 겹치지만 감각적인 용품이 많고 더 실용적이다. 오가닉 천연 화장품과 친환경 먹을거리도 일부 갖추고 있는데 화장품의 경우 테스터가 구비되어 있어 편리하다. 여자들이 좋아하는 쇼핑 아이템이 빼곡해 언제 지름신이 강림할지 모른다.

시부야 점

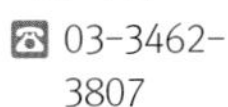

☎ 03-3462-3807

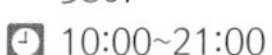

🕘 10:00~21:00

@ https://www.loft.co.jp/

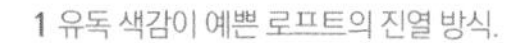

1 유독 색감이 예쁜 로프트의 진열 방식.

세이유·산토쿠·코푸·이토요카도 등의 슈퍼마켓

현지인의 생활을 느끼고 싶다면 슈퍼마켓에 가보자. 세이유, 산토쿠, 코푸, 이토요카도 등이 대표적인 슈퍼마켓으로 각종 생활용품을 사기에 그만이다. 우리나라와 약간 차이가 있는 채소류를 보는 것도 재미있고, 무엇보다 먹을거리가 풍부해서 좋다.

슈퍼마켓의 반찬 코너에는 우리의 마트처럼 그날그날 만들어 파는 음식들이 있는데 싸고 맛도 좋아서 음식점에 갈 형편이 못 될 때나 숙소에서 간단히 허기를 채우고 싶을 때 이용하면 좋다. 신선한 초밥을 비롯해 먹기 좋은 크기로 잘라 파는 생선튀김, 갖가지 꼬치, 달콤 짭짤한 채소조림, 닭튀김, 돈가스, 크로켓, '스부타'라고 부르는 탕수육, 각종 샐러드와 한국식 나물 등 너무도 다양해서 고르기가 힘들 정도. 도시락 형태로 바로 먹을 수 있는 면류가 있다는 점도 강점이다.

여름에 주로 먹는 히야시추카. 오이, 달걀, 햄 등의 고명과 새콤달콤한 육수가 입맛을 돋운다.

튀김 종류야 무엇이든 맛있는 편이지만 슈퍼마켓에서 파는 생선튀김은 유독 감칠맛이 난다.

두툼하고 먹음직스러운 크로켓들.

마요네즈 베이스의 샐러드는 우리가 아는 맛과 유사하다.

일본의 인스턴트라면 맛은 크게 기대하지 않는 게 좋은데, 그래도 가끔은 맛있다.

일본 김밥 중에서도 한 가지 재료만 넣어 만든 꼬마 김밥. 생선살을 넣은 것, 낫토(일본식 청국장)를 넣은 것 등이 독특하다. 오이를 넣은 것은 입가심에 좋다.

선물한다면?

공항 면세점에서 지인들에게 나눠줄 선물로 과자류를 생각한다면 도쿄바나나가 무난하다. 노란 바나나 스폰지 케이크 속에 슈크림이 들어 있는데 계절에 따라 초콜릿이 들어가기도 한다. 딸기 향을 좋아한다면 비슷한 느낌의 이치고(딸기) 케이크도 좋고 히요코만주도 대중적이다. 슈퍼마켓에서 살 만한 과자로는 와사비맛으로 유명한 '가키노타네'가 있다.

도쿄바나나 東京ばなな

슈크림이 듬뿍 들어 있는 스폰지 케이크. 모양도 색도 예뻐서 선물용으로 그만이다.

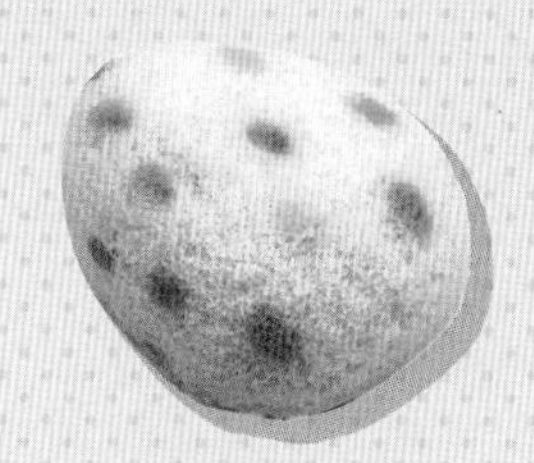

이치고(딸기) 케이크 イチゴケーキ

딸기 크림이 듬뿍 들어 있는 딸기맛 스폰지 케이크. 질감은 도쿄바나나와 거의 같다.

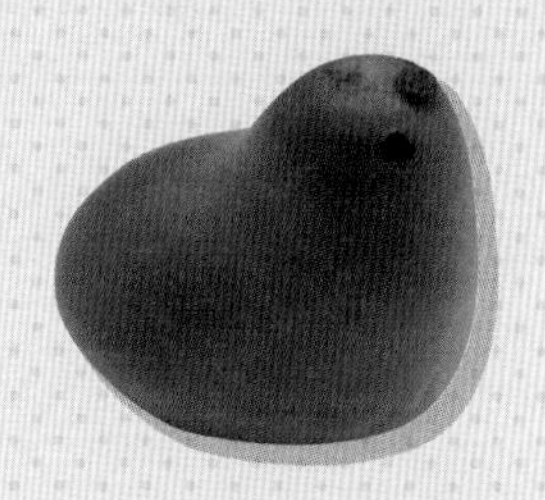

히요코(병아리)만주 ひよこ饅頭

병아리 모양의 만주. 부드러운 케이크 안에 달콤한 앙금이 가득 들었다.

가키노타네 柿の種

'감의 씨'라는 뜻이다. 잘 보면 모양이 감 씨처럼 생겼다.

호로요이 ほろよい

알코올 도수 3퍼센트의 순한 과실주로, 대중적이고 맛있지만 선물용으로는 무거운 게 흠이다.

도쿄잖아, 이건 먹어봐 – 도쿄의 명물

도쿄 사람들에게 오래도록 변치 않고 사랑받는 먹거리가 있다. 특별한 맛이라기보단 언제나 가까이에 있는, 할머니가 손주들에게 주셨던 간식 같은 존재, 어려서부터 당연한 듯 먹어온 그런 음식이다.

닌교야키 人魚焼き

아사쿠사의 닌교야키는 직역하면 '인형구이'인데, 붕어빵의 이색 버전이라 생각하면 된다. 1868년 창업 이래 전통적인 제조 방법과 맛을 그대로 유지하고 있다. 비둘기, 5층탑, 초롱불 등의 과자 모양이 재미있다.

파는 곳

기무라야 닌교야키
木村屋人魚焼き本舗
센소지浅草寺 나카미세仲見世 거리

스시 寿司

간편하게 먹을 수 있는 가장 대표적인 일본 음식. 현지에서 여행자가 마음 편하게 먹으려면 회전초밥집을 선택하는 것이 무난하며, 장소와 상황에 따라 적절하게 가게를 선택해도 큰 실패가 없다는 것이 장점이다.

소바 蕎麦

'메밀국수'를 말하는 소바는 따뜻한 것과 차가운 것이 있다. '모리소바'나 '자루소바'는 냉모밀로 우리나라에서 먹는 것과 크게 차이가 없다. 비교적 익숙하지 않은 것이 따뜻한 국물 소바인데 국수 위에 튀김, 어묵, 고기 등을 토핑해서 먹는다.

다이후쿠 大福

찹쌀떡을 말한다. 팥소가 든 것이 대표적이며, 녹차나 딸기, 오렌지 등의 과일이 든 것도 있다. 일본의 팥소는 대체로 매우 달고 양도 많은 편이다.

멜론빵 メロンパン

오래도록 사랑받는 도쿄의 명물 빵. 잘라놓은 멜론과 모양이 닮았다. 곰보빵과 질감이나 맛이 비슷해 크게 기대할 엄청난 맛이라고는 할 수 없지만 도쿄 사람들에게는 어려서부터 먹어온 추억의 빵이다.

파는 곳

아사쿠사浅草 가게쓰도花月堂
쓰쿠바 익스프레스つくばエクスプレス 아사쿠사浅草 역

라무네 ラムネ

도쿄 각지를 다녀보면 시원하게 생긴 음료수가 유독 눈에 잘 띈다. 투명한 파란 병에 빨간 글씨가 돋보이는 이 음료는 일본 사람들이 오래도록 사랑해온 청량음료 '라무네'다. 레몬에이드가 변한 말이라는데, 새콤하지는 않고 약간 달큰하다. 구슬 마개인 점도 흥미롭다.

My First Travel In Tokyo

나의 첫 자유여행, 도쿄

세계는 한 권의 책이다. 여행하지 않는 사람은
단지 그 책의 한 페이지만을 읽을 뿐이다.
-성 아우구스티누스

유비무환 체크리스트

필수품

- [x] 여권
- [ ]
- [ ]
- [ ]
- [ ]
- [ ]
- [ ]
- [ ]

생활 필수품

- [x] 치약
- [ ]
- [ ]
- [ ]
- [ ]
- [ ]
- [ ]
- [ ]

의류 및 기타

- [x] 운동화
- [ ]
- [ ]
- [ ]
- [ ]
- [ ]
- [ ]
- [ ]

여행 용품

- [x] 가이드북
- [ ]
- [ ]
- [ ]
- [ ]
- [ ]
- [ ]
- [ ]

tip **이런 것은 가져 가면 좋아요!**

- 비상약: 소화제, 지사제, 일회용 밴드 등은 챙기자!
- 신용카드: 현금이 부족할 수 있으니 해외에서도 사용 가능한 카드로 챙기자!

긴급 연락처

일본 내 주요 긴급 전화번호

- 범죄 및 교통사고 신고: 110
- 구급센터 및 화재 신고: 119
- 전화번호 문의: 104
- 일기예보: 117

주일본 대한민국대사관

- 근무 시간 내: 03-3452-7611, 7619
- 근무 시간 외: 03-6400-0736

카드 분실 신고 번호

- KB국민카드: +82-2-6300-7300
- 하나카드: +82-1800-1111
- 우리카드: +82-2-6958-9000
- 신한카드: +82-1544-7000
- 롯데카드: +82-2-1588-8300
- 삼성카드: +82-2-2000-8100

*카드 분실 신고는 전화, 홈페이지, 은행사 어플을 통해서 가능

일본 내 항공사 서비스센터

- 대한항공: 0088-21-2001, 06-6264-3311
- 아시아나항공: 0570-82-555
- 일본항공(JAL): 03-5489-1111
- 전일본항공(ANA): 03-3272-1212

*일본 국제전화 국가 번호는 +81

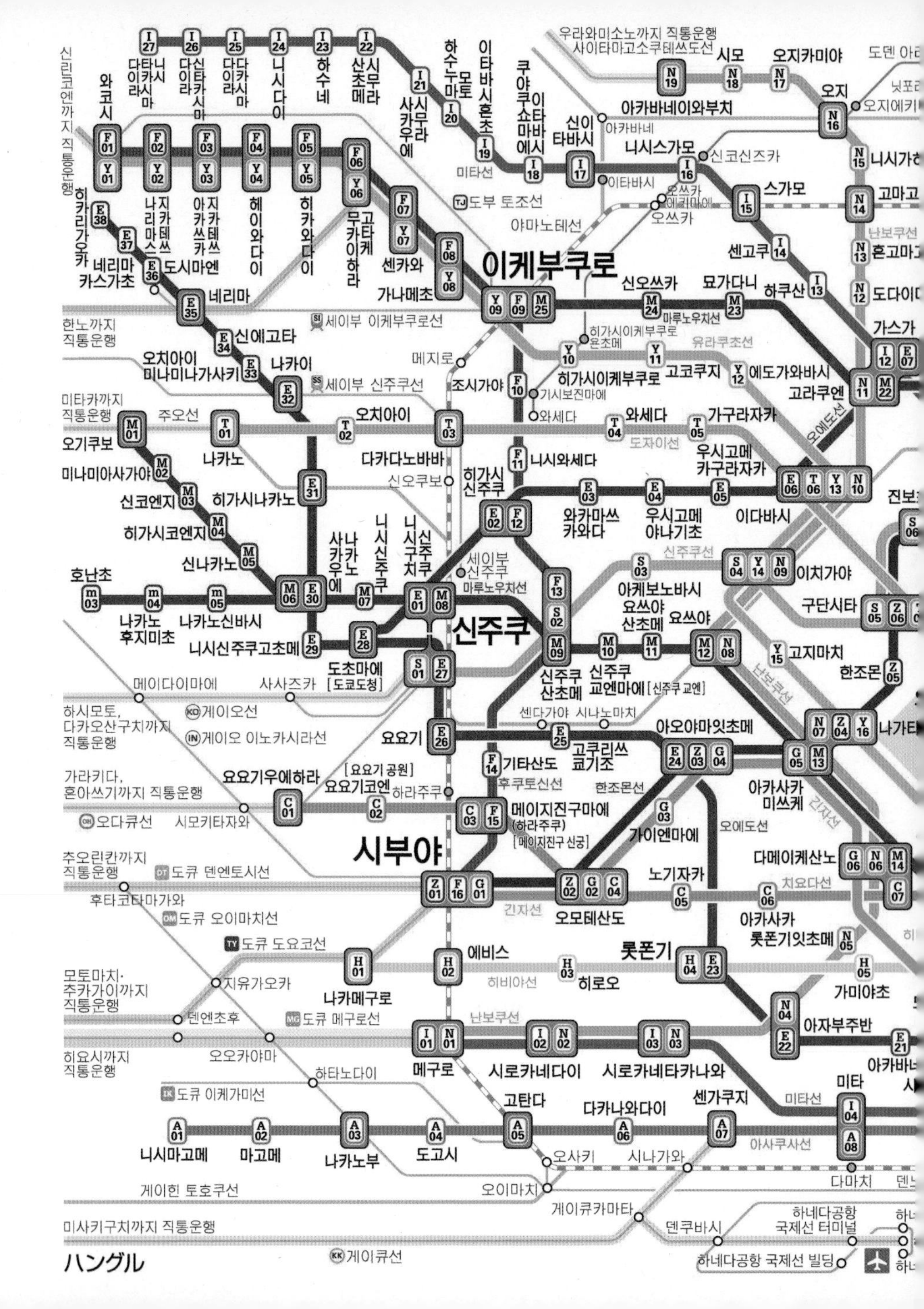

신린코엔까지 직통운행
와코시
다타니이카시라시마
다신이타카시마
다다이카시라시마
니시다이
하수네
산시무초메라
사시카무우라에
하수누모마토
이타바시혼초
쿠야쿠이쇼타마바에시
신이타바시
우라와미소노까지 직통운행
사이타마고소쿠테쓰도선
시모
오지카미야
도덴 아라
오지
오지에키
아카바네이와부치
아카바네
니시스가모
신코신즈카
니시가하
미타선
이타바시
오쓰카에키마에
오쓰카
스가모
고마고
TJ 도부 토조선
야마노테선
히카리가오카
나지리카마스쓰
아지카카쓰테카쓰
헤이와다이
히카와다이
무카이하라
고타케
센카와
가나메초
네리마카스가초
도시마엔
네리마
이케부쿠로
신오쓰카
묘가다니
센고쿠
하쿠산
혼고마고
도다이마
난보쿠선
마루노우치선
히가시이케부쿠로
윤초메
유라쿠초선
가스가
한노까지 직통운행
세이부 이케부쿠로선
신에고타
메지로
오치아이
미나미나가사키
나카이
세이부 신주쿠선
조시가야
기시보진마에
히가시이케부쿠로
고코쿠지
에도가와바시
고라쿠엔
미타카까지 직통운행
주오선
와세다
오치아이
와세다
가구라자카
오기쿠보
나카노
다카다노바바
도자이선
오에도선
우시고메카구라자카
미나미아사가야
니시와세다
신오쿠보
히가시신주쿠
신코엔지
히가시나카노
와카마쓰카와다
우시고메야나기초
이다바시
진보초
히가시코엔지
사나카우노에
니시신주쿠
니시신주쿠
세이부 신주쿠
마루노우치선
신주쿠선
아케보노바시
이치가야
요쓰야산초메
요쓰야
구단시타
신나카노
호난초
나카노후지미초
나카노신바시
니시신주쿠고초메
신주쿠
도초마에
[도쿄도청]
신주쿠산초메
신주쿠교엔마에
[신주쿠 교엔]
고지마치
한조몬
메이다이마에
사사즈카
KO 게이오선
IN 게이오 이노카시라선
하시모토, 다카오산구치까지 직통운행
센다가야
시나노마치
아오야마잇초메
나가타
요요기
고쿠리쓰쿄기조
기타산도
가라키다, 혼아쓰기까지 직통운행
요요기우에하라
[요요기 공원]
요요기코엔
하라주쿠
후쿠토신선
한조몬선
아카사카미쓰케
OH 오다큐선
시모키타자와
메이지진구마에
(하라주쿠)
[메이지진구 신궁]
가이엔마에
오에도선
긴자선
시부야
다메이케산노
추오린칸까지 직통운행
DT 도큐 덴엔토시선
노기자카
치요다선
후타코타마가와
OM 도큐 오이마치선
긴자선
오모테산도
아카사카
롯폰기잇초메
TY 도큐 도요코선
롯폰기
에비스
모토마치·추카가이까지 직통운행
지유가오카
나카메구로
히로오
히비야선
가미야초
덴엔초후
MG 도큐 메구로선
난보쿠선
아자부주반
오오카야마
히요시까지 직통운행
하타노다이
메구로
시로카네다이
시로카네타카나와
아카바네바시
미타
IK 도큐 이케가미선
미타선
고탄다
다카나와다이
센가쿠지
니시마고메
마고메
나카노부
도고시
아사쿠사선
오사키
시나가와
다마치
게이힌 토호쿠선
오이마치
게이큐카마타
미사키구치까지 직통운행
덴쿠바시
하네다공항 국제선 터미널
하네다공항 국제선 빌딩
KK 게이큐선
ハングル

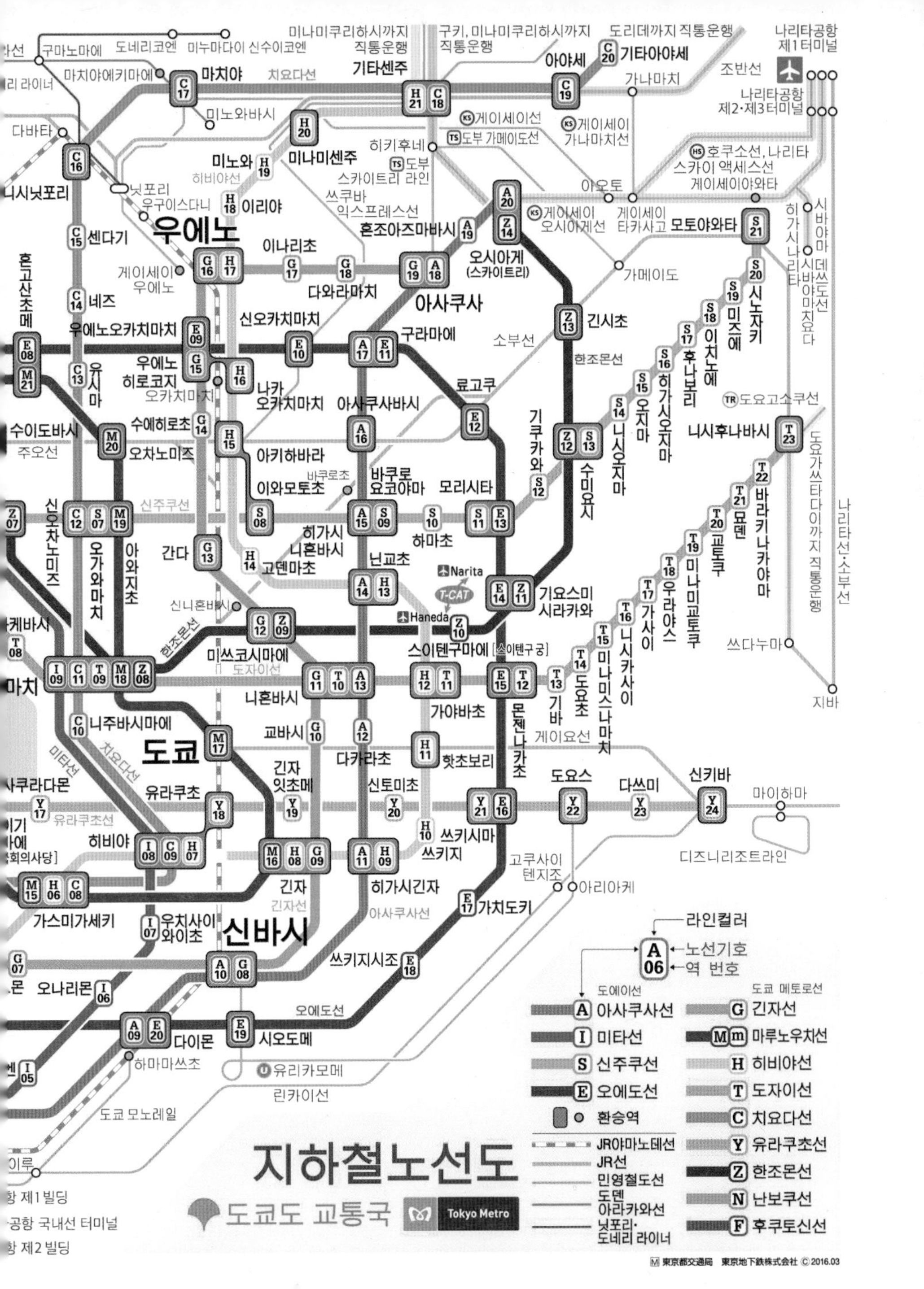

미나미쿠리하시까지 직통운행
구키, 미나미쿠리하시까지 직통운행
도리데까지 직통운행
나리타공항 제1터미널
구마노마에
도네리코엔
미누마다이 신수이코엔
아야세
C 20 기타아야세
조반선
마치야에키마에
C 17 마치야
치요다선
기타센주
H 21 C 18
C 19
가나마치
나리타공항 제2·제3터미널
미노와바시
H 20
KS 게이세이선
KS 게이세이 가나마치선
다바타
TS 도부 가메이도선
히키후네
HS 호쿠소선, 나리타 스카이 액세스선
C 16
미노와 H 19
미나미센주
TS 도부 스카이트리 라인
게이세이아와타
히비야선
닛포리
니시닛포리
우구이스다니
쓰쿠바 익스프레스선
아오토
H 18 이리야
A 20
A 19 혼조아즈마바시
KS 게이세이 오시아게선
게이세이 타카사고
모토야와타 S 21
C 15 센다기
우에노
Z 14
오시아게 (스카이트리)
이나리초
G 16 H 17
G 17
G 18
G 19 A 18
혼고산초메
게이세이 우에노
다와라마치
아사쿠사
가메이도
S 20 시노자키
S 19 미즈에
S 18 이치노에
C 14 네즈
Z 13 긴시초
S 17 후나보리
우에노오카치마치
신오카치마치
E 09
E 08
E 10
A 17 E 11
구라마에
소부선
S 16 히가시오지마
G 15
한조몬선
M 21
우에노 히로코지
H 16
C 13 유시마
오카치마치
나카 오카치마치
료고쿠
S 15 오지마
TR 도요고소쿠선
아사쿠사바시
수에히로초 G 14
E 12
기쿠카와
S 14 니시오지마
니시후나바시 T 23
수이도바시
M 20 오차노미즈
H 15
A 16
Z 12 S 13
스미요시
주오선
아키하바라
바쿠로초
바쿠로 요코야마
이와모토초
모리시타
S 12
도요가쓰타다이까지 직통운행
Z 07
C 12 S 07 M 19
신주쿠선
S 08
A 15 S 09
S 10
S 11 E 13
T 22 바라키나카야마
나리타선·소부선
신오차노미즈
오가와마치
아와지초
간다 G 13
히가시 니혼바시
하마초
T 21 묘덴
T 20 교토쿠
H 14 고덴마초
닌교초
A 14 H 13
T 19 미나미교토쿠
Narita
T-CAT
E 14 Z 11
기요스미 시라카와
T 18 우라야스
신니혼바시
T 17 가사이
Haneda
G 12 Z 09
Z 10
T 16 니시카사이
T 08
다케바시
한조몬선
미쓰코시마에
스이텐구마에 [스이텐구 궁]
T 15 미나미스나마치
쓰다누마
I 09 C 11 T 09 M 18 Z 08
도자이선
G 11 T 10 A 13
H 12 T 11
E 15 T 12
T 13 기바
T 14 도요초
오테마치
니혼바시
가야바초
지바
몬젠나카초
C 10 니주바시마에
교바시 G 10
A 12
게이요선
M 17
도쿄
H 11 핫초보리
다카라초
미타선
치요다선
긴자 잇초메
신토미초
도요스
다쓰미
신키바
사쿠라다몬
유라쿠초
마이하마
Y 17
유라쿠초선
Y 18
Y 19
Y 20
Y 21 E 16
Y 22
Y 23
Y 24
가스미가세키
H 10 쓰키시마
쓰키지
히비야
I 08 C 09 H 07
M 16 H 08 G 09
A 11 H 09
고쿠사이 텐지조
디즈니리조트라인
국회의사당]
M 15 H 06 C 08
긴자
히가시긴자
아리아케
긴자선
아사쿠사선
E 17 가치도키
가스미가세키
I 07 우치사이와이초
신바시
라인컬러
노선기호
역 번호
G 07
A 10 G 08
쓰키지시조 E 18
오나리몬 I 06
도에이선
도쿄 메트로선
오에도선
A 아사쿠사선
G 긴자선
A 09 E 20
다이몬
E 19 시오도메
I 미타선
M m 마루노우치선
S 신주쿠선
H 히비야선
I 05
하마마쓰초
U 유리카모메
린카이선
E 오에도선
T 도자이선
환승역
C 치요다선
도쿄 모노레일
JR야마노테선
Y 유라쿠초선
JR선
Z 한조몬선
민영철도선
지하철노선도
도덴 아라카와선
N 난보쿠선
도쿄도 교통국
Tokyo Metro
닛포리·도네리 라이너
F 후쿠토신선
항 제1빌딩
공항 국내선 터미널
항 제2빌딩
東京都交通局 東京地下鉄株式会社 © 2016.03

Travel Note

첫날 / 둘째 날 / 셋째 날 / 넷째 날

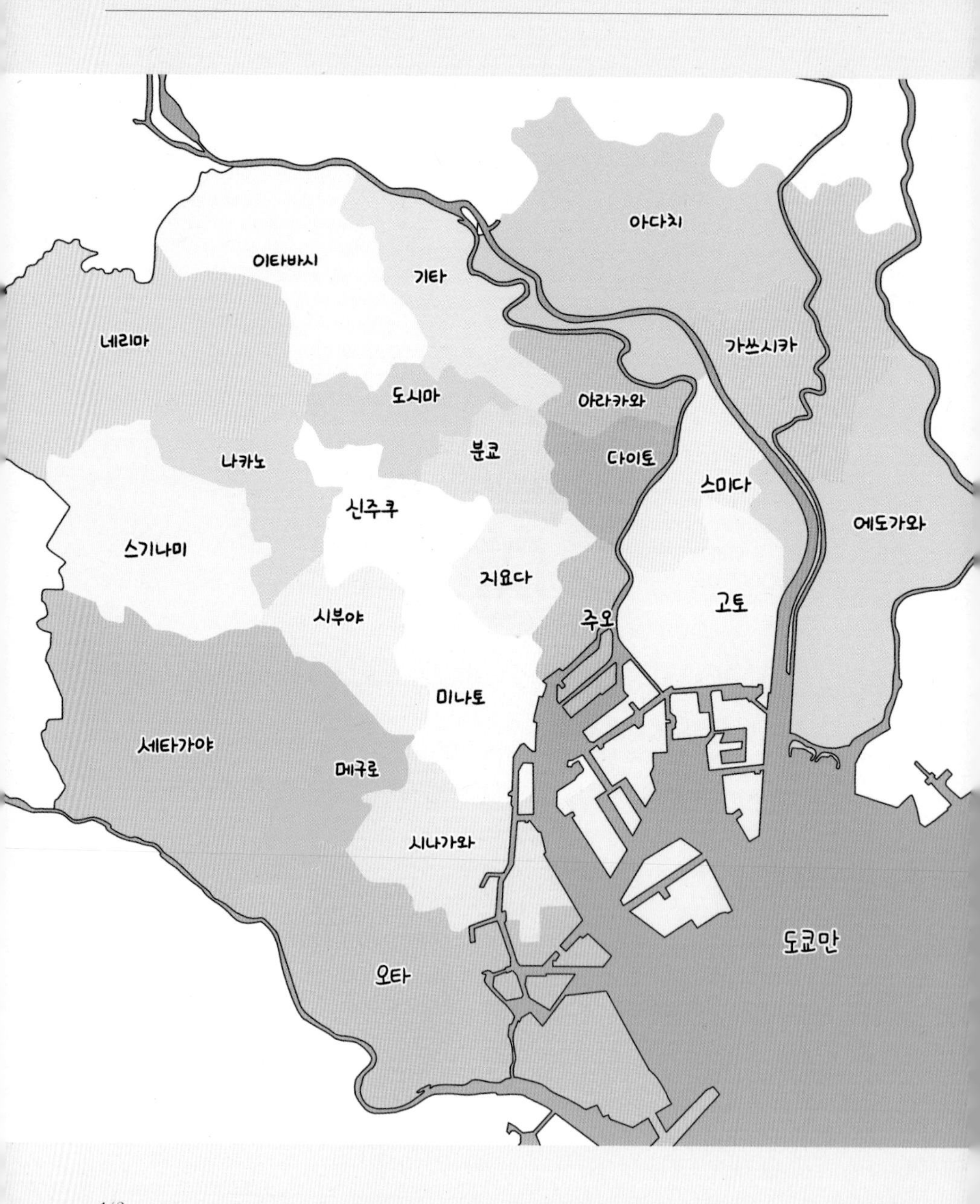
이타바시
기타
아다치
네리마
가쓰시카
도시마
아라카와
분쿄
다이토
나카노
스미다
신주쿠
에도가와
스기나미
지요다
고토
시부야
주오
미나토
세타가야
메구로
시나가와
도쿄만
오타

1st Day

date : ____________

Place

Must Do It

상세 일정

	시간	장소	가는 법
☐			
☐			
☐			
☐			
☐			
☐			
☐			
☐			
☐			

Memo

지출 내역

영수증을 붙이세요.

입장권 등

교통

먹거리

쇼핑

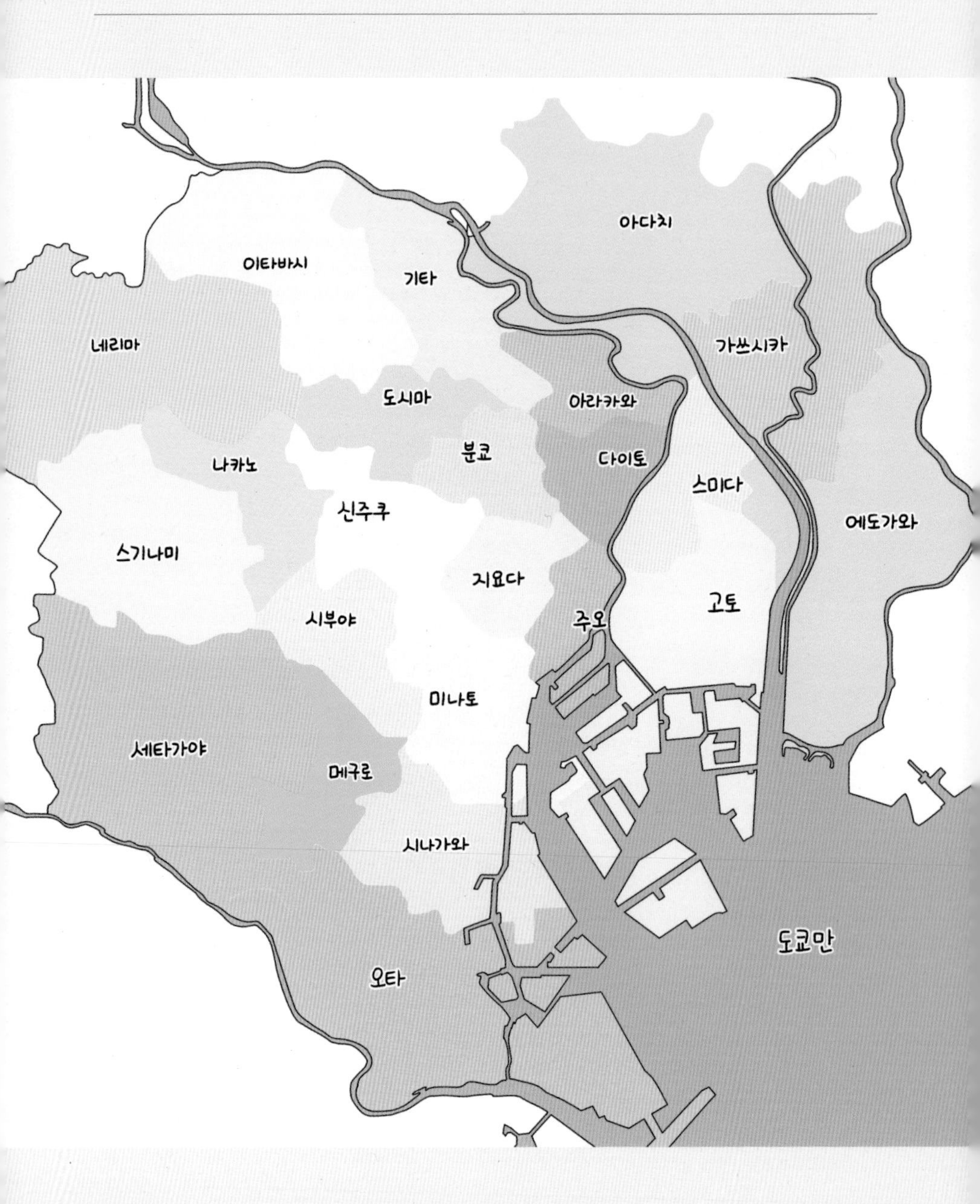
아다치
이타바시
기타
네리마
가쓰시카
도시마
아라카와
분쿄
다이토
나카노
스미다
신주쿠
에도가와
스기나미
지요다
고토
시부야
주오
미나토
세타가야
메구로
시나가와
도쿄만
오타

2nd Day

date : ______________

Place

Must Do It

상세 일정

	시간	장소	가는 법
☐			
☐			
☐			
☐			
☐			
☐			
☐			
☐			
☐			

Memo

지출 내역

영수증을 붙이세요.

입장권 등

교통

먹거리

쇼핑

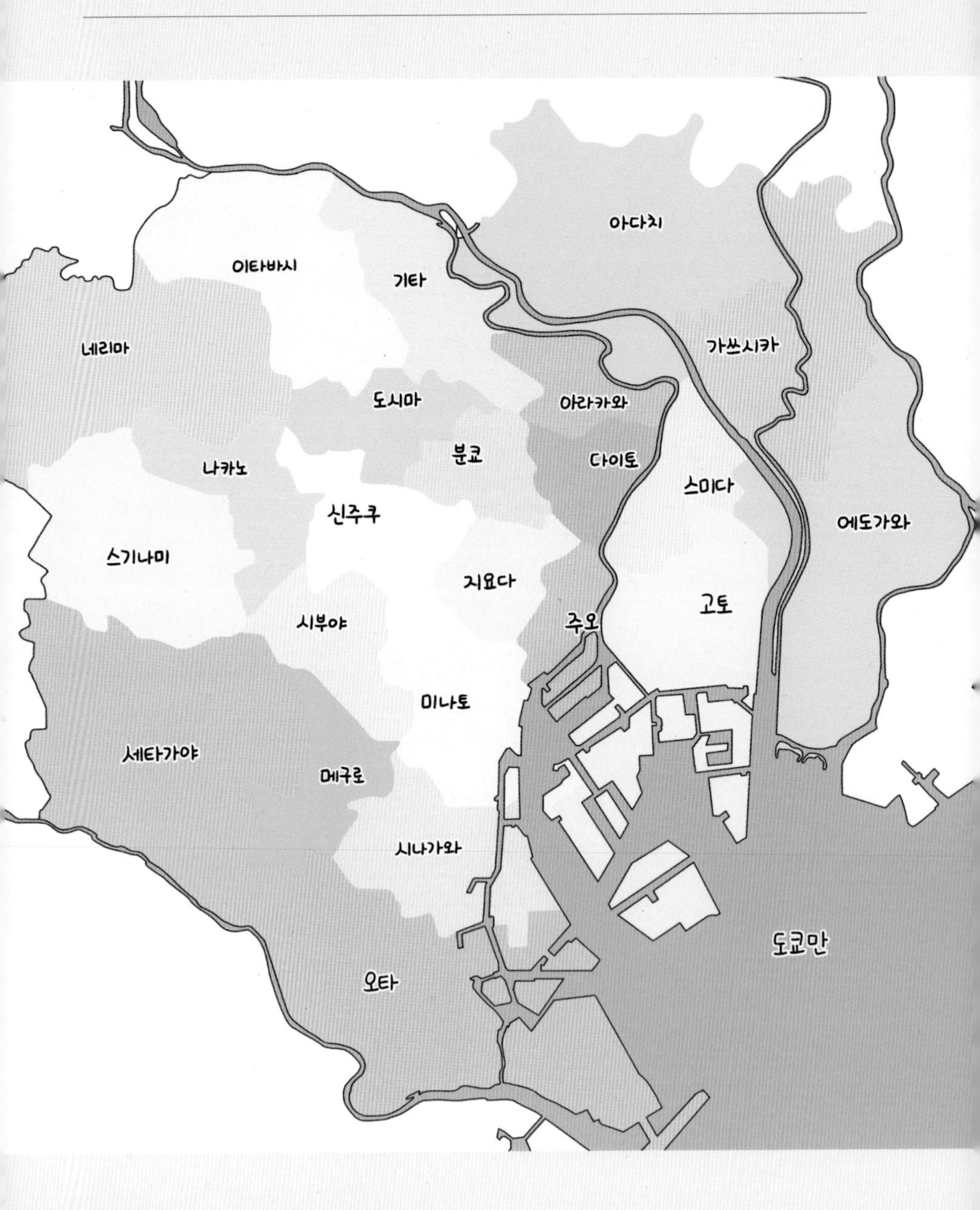
아다치
이타바시
기타
네리마
가쓰시카
도시마
아라카와
분쿄
다이토
나카노
스미다
신주쿠
에도가와
스기나미
지요다
고토
시부야
주오
미나토
세타가야
메구로
시나가와
도쿄만
오타

3rd Day

date : ______________

Place

Must Do It

상세 일정

시간	장소	가는 법

Memo

지출 내역

영수증을 붙이세요.

입장권 등

교통

먹거리

쇼핑

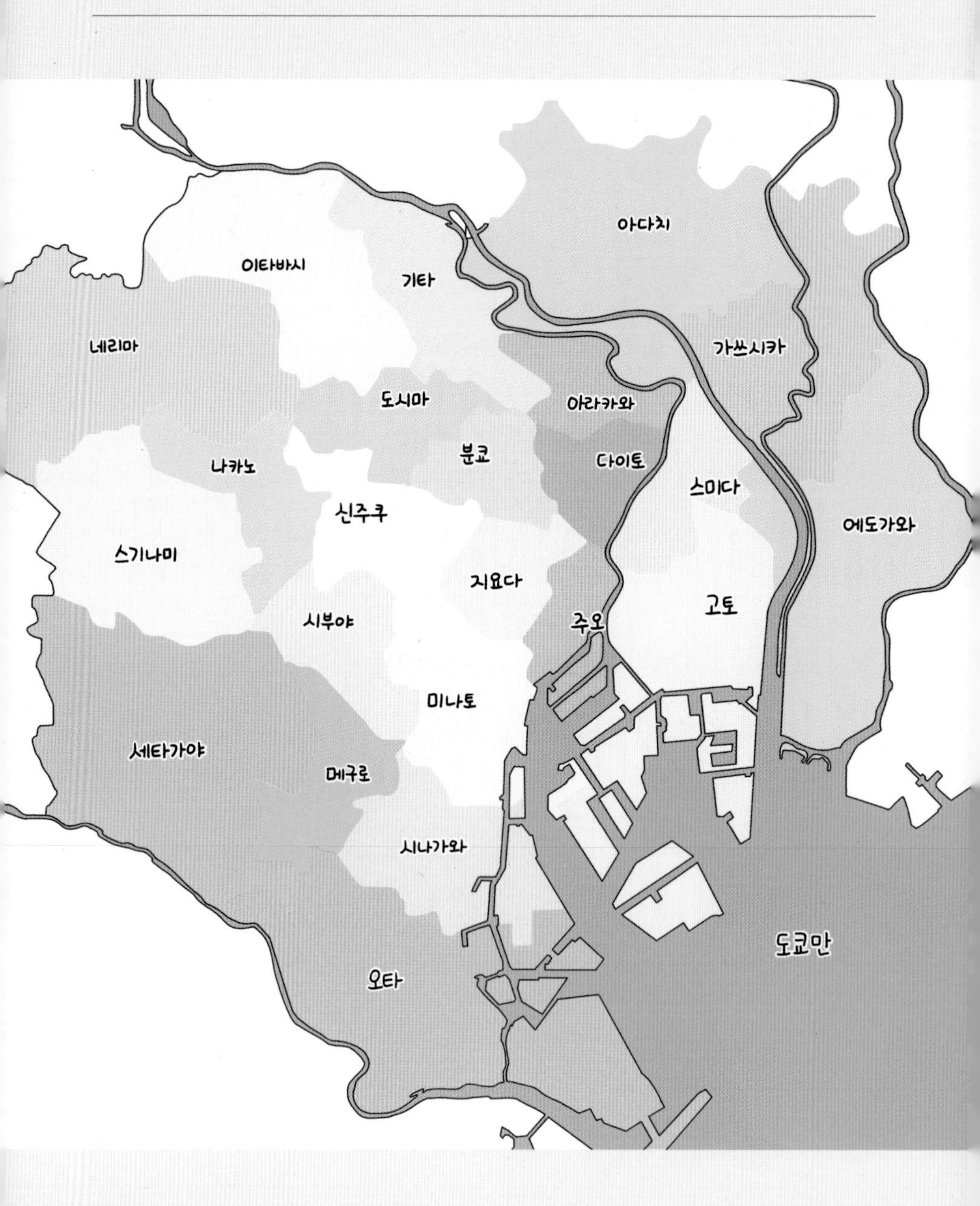

아다치
이타바시
기타
네리마
가쓰시카
도시마
아라카와
나카노
분쿄
다이토
스미다
신주쿠
에도가와
스기나미
지요다
고토
시부야
주오
미나토
세타가야
메구로
시나가와
도쿄만
오타

4th Day

date : ______________

Place

Must Do It

상세 일정

	시간	장소	가는 법
☐			
☐			
☐			
☐			
☐			
☐			
☐			
☐			
☐			

Memo

지출 내역

영수증을 붙이세요.

입장권 등

교통

먹거리

쇼핑

필수 여행일본어

거리에서

이 근처에 ( ) 가 있나요?

この 辺(へん)に ( ) は ありますか。

코노 헨-니 ~와 아리마스까?

tip '잠깐만요', '말씀 좀 묻겠는데요'의 느낌으로 '스미마셍-[すみません]'이라고 먼저 말을 건 뒤에 물어보자.

ATM기

ATM (エーティーエム)

에-띠-에무

편의점

コンビニ

콤-비니

마트

スーパー

스-파-

백화점

デパート

데빠-또

약국

薬屋(くすりや)・薬局(やっきょく)

쿠스리야 · 얏-쿄꾸

일식 주점

居酒屋(いざかや)

이자카야

관광지도 한 장 주세요.	地図(ちず)を 一枚(いちまい) ください。 치즈오 이찌마이 쿠다사이.
(택시를 이용할 때 주소 등을 보여주며) 여기로 가주세요.	ここに 行(い)って ください。 코꼬니 잇 – 떼 쿠다사이.
안에 들어가도 되나요?	中(なか)に 入(はい)っても いいですか。 나카니 하잇 – 떼모 이이데스까?
어디에서 표를 사나요?	きっぷは どこで 買(か)えますか。 킷 – 뿌와 도꼬데 카에마스까?
여기에서 사진 찍어도 되나요?	ここで 写真(しゃしん)を 撮(と)っても いいですか。 코꼬데 샤싱 – 오 톳 – 떼모 이이데스까?
사진 좀 찍어주시겠어요?	写真(しゃしん)を 撮(と)って もらえませんか。 샤싱 – 오 톳 – 떼 모라에마셍 – 까?

식당에서

☐ 주세요.

☐ お願(ねが)いします。

~ 오네가이시마스.

한국어	일본어	발음
메뉴판	メニュー	메뉴 –
앞접시	取(と)り皿(ざら)	토리자라
젓가락	お箸(はし)	오하시
숟가락	スプーン	스뿡 –
소금	塩(しお)	시오
후추	胡椒(こしょう)	코쇼 –
간장	醤油(しょうゆ)	쇼 – 유
식초	お酢(す)	오스
마요네즈	マヨネーズ	마요네 – 즈
케첩	ケチャップ	케챠 – 뿌

(지도를 보여주며) 이 가게는 어디예요?	この お店(みせ)は どこですか。 코노 오미세와 도꼬데스까?
메뉴판 주세요.	メニューを お願(ねが)いします。 메뉴오 오네가이시마스
(메뉴판을 가리키며) 이거랑 이거 주세요.	これと これ ください。 코레또 코레 쿠다사이.
Plus 그리고 이것도 주세요.	あと これも お願(ねが)いします。 아또 코레모 오네가이시마스.
이거 어떻게 먹어요?	どうやって 食(た)べたら いいですか。 도-얏-떼 타베따라 이이데스까?
영수증 주세요.	レシートを お願(ねが)いします。 레시-또오 오네가이시마스.
물 한 잔 주세요.	お水(みず)を 一杯(いっぱい) ください。 오미즈오 잇-빠이 쿠다사이.

쇼핑에서

☐을 사고 싶은데요.

☐ を買(か)いたいんですが。

~오 카이타인 - 데스가.

손목시계

腕時計(うでどけい)

우데도께 -

반지

指輪(ゆびわ)

유비와

귀고리

イヤリング・ピアス

이야링 - 구·피아스

담배

タバコ

타바꼬

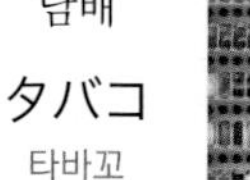

라이터

ライター

라이따 -

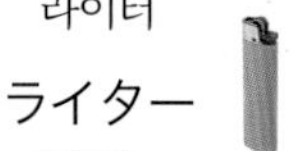

우산

かさ

카사

모자

帽子(ぼうし)

보 - 시

화장품

化粧品(けしょうひん)

케쇼 - 힝 -

티셔츠

ティシャツ

티샤츠

청바지

ジーンズ

진 - 즈

운동화

スニーカー・運動靴(うんどうぐつ)

스니 - 까·운도 - 구쯔

이거 입어봐도 되나요?	これ、試着(しちゃく)して みても いいですか。 코레 시챠꾸시떼 미떼모 이이데스까?
탈의실은 어디예요?	試着室(しちゃくしつ)は どこですか。 시챠꾸시쯔와 도꼬데스까?
(쇼핑할 때) 저것을 보여주세요.	あれを 見(み)せて ください。 아레오 미세떼 쿠다사이.
다른 거 있나요?	ほかの 種類(しゅるい)は ありますか。 호까노 슈루이와 아리마스까?
카드로 계산해도 되나요?	カードでも いいですか。 카 – 도데모 이이데스까?
이거 교환하고 싶은데요.	これ、交換(こうかん)して もらいたいんですが。 코레 코 – 깐시떼 모라이따인 – 데스가.

병원에서

[   ]가 아파요.

いた
[   ] が 痛いです。

~가 이따이데스.

머리

あたま
頭

아따마

눈

め
目

메

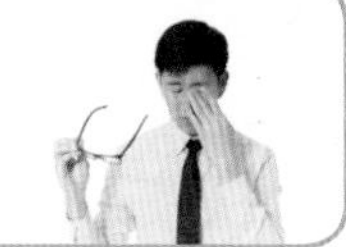

치아

は
歯

하

위

い
胃

이

허리

こし
腰

코시

배

なか
お腹

오나까

여기

ここ

코꼬

한국어	日本語
한국어 가능한 사람이 있나요?	韓国語(かんこくご)が 話(はな)せる 人は いますか。 캉 - 꼬꾸고가 하나세루 히또와 이마스까?
핸드폰을 잃어버렸어요.	携帯(けいたい)を なくして しまいました。 케 - 따이오 나꾸시떼 시마이마시따.
스마트폰	スマートフォン 스마 - 또홍 -
경찰 좀 불러주세요!	警察(けいさつ)を 呼(よ)んで ください。 케 - 사쯔오 욘 - 데 쿠다사이.
화장실은 어디예요?	トイレは どこですか。 토이레와 도꼬데스까?
이 근처에 ATM기가 있나요?	この 近(ちか)くに ATM(エーティーエム)は ありますか。 코노 치까쿠니 에 - 띠 - 에무와 아리마스까?
짐을 보관해줄 수 있나요?	荷物(にもつ)を 預(あず)かって もらえますか。 니모쯔오 아즈깟 - 떼 모라에마스까?

인사하기

안녕하세요.(아침인사)

おはようございます。

오하요 – 고자이마스.

안녕하세요.(점심인사)

こんにちは。

콘 – 니찌와.

안녕.(아침인사)

おはよう。

오하요 –.

안녕하세요.(저녁인사)

こんばんは。

콤 – 방 – 와.

잘 먹겠습니다.

いただきます。

이따다끼마스.

잘 먹었습니다.

ごちそうさまでした。

고찌소 – 사마데시따.

(정말) 고맙습니다.

(どうも)ありがとうございます。

(도 – 모)아리가또 – 고자이마스.

すみません。

스미마셍 –.

천만에요.

いいえ。

이이에.

どういたしまして。

도 – 이따시마시떼

(대단히) 죄송합니다.

(どうも)すみません。

(도 – 모)스미마셍 –.

申(もう)し訳(わけ)ありません。

모 – 시와께아리마셍 –.

괜찮습니다.

いいえ。

이이에.

大丈夫(だいじょうぶ)です。

다이조 – 부데스.

숫자 읽기

1 一 이치	2 二 니	3 三 상	4 四 시/용 -	5 五 고	6 六 로꾸
7 七 시치/나나	8 八 하치	9 九 큐 - /쿠	10 十 쥬 -	11 十一 쥬 - 이치	12 十一 쥬 - 니
13 十三 쥬 - 상 -	14 十四 쥬 - 용 -	15 十五 쥬 - 고	16 十六 쥬 - 로꾸	17 十七 쥬 - 시치	18 十八 쥬 - 하치
19 十九 쥬 - 큐 -	20 二十 니쥬 -	30 三十 산—쥬—	40 四十 욘 - 쥬 -	50 五十 고쥬 -	60 六十 로꾸쥬 -
70 七十 나나쥬 -	80 八十 하치쥬-	90 九十 큐 - 쥬	100 百 햐꾸	1000 千 셍 -	10000 万 망 -

초판 인쇄 | 2018년 8월 10일
초판 발행 | 2018년 8월 20일

저 자 | 이선미
사 진 | 후루야 메구미
발행인 | 김태웅
편집장 | 강석기
마케팅총괄 | 나재승
기획 편집 | 권민서, 장재순
디자인 | all design group

발행처 | (주)동양북스
등 록 | 제 2014-000055호(2014년 2월 7일)
주 소 | 서울시 마포구 동교로22길 12 (04030)
구입문의 | 전화 (02)337-1737 팩스(02)334-6624
내용문의 | 전화 (02)337-1762 dybooks2@gmail.com

ISBN 979-11-5768-416-8 13980

▶ 도서출판 동양북스에서는 소중한 원고, 새로운 기획을 기다리고 있습니다.
http://www.dongyangbooks.com